写给青少年的

万物发明简史

［英］斯图尔特·罗斯 著　胡坦 译

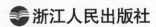
浙江人民出版社

图书在版编目（CIP）数据

写给青少年的万物发明简史 /（英）斯图尔特·罗斯
著；胡坦译. — 杭州：浙江人民出版社，2023.4
　　ISBN 978-7-213-10991-1

　　Ⅰ. ①写… Ⅱ. ①斯… ②胡… Ⅲ. ①创造发明－技
术史－世界－青少年读物 Ⅳ. ①N091-49

　　中国国家版本馆CIP数据核字（2023）第034226号

浙 江 省 版 权 局
著 作 权 合 同 登 记 章
图字：11-2019-210 号

写给青少年的万物发明简史
XIEGEI QINGSHAONIAN DE WANWU FAMING JIANSHI

[英] 斯图尔特·罗斯 著 胡 坦 译

出版发行：浙江人民出版社（杭州市体育场路 347 号 邮编：310006）
　　　　　市场部电话：（0571）85061682 85176516
责任编辑：潘海林
特约编辑：孙汉果
营销编辑：陈雯怡 赵 娜 陈芊如
责任校对：杨 帆
责任印务：幸天骄
封面设计：周则灵
电脑制版：北京之江文化传媒有限公司
印　　刷：杭州丰源印刷有限公司
开　　本：710 毫米 × 1000 毫米 1/16　　　　印　　张：15
字　　数：195 千字　　　　　　　　　　　　插　　页：1
版　　次：2023 年 4 月第 1 版　　　　　　　印　　次：2023 年 4 月第 1 次印刷
书　　号：ISBN 978-7-213-10991-1
定　　价：58.00 元

感谢露西，

没有她的无私奉献，这本书就不可能完成。

她作为校对，核查知识点，给予热心支持，

为本书的创作付出了辛勤的劳动。

INTRODUCTION

简 介

　　穷尽万事万物的"第一"会是一项无止境的任务（甚至包括第一本有关"第一"的书）。因此，本书的内容是有选择的，入选"第一"的标准包括两种：首先，这个"第一"是某一类事物的典型，比如，我写到第一台洗衣机，包括第一台电动洗衣机，但不包括电动洗衣机的大量亚种，如全自动洗衣机、双桶洗衣机等；第二，我选取的仅仅是我认为普通读者感兴趣的"第一"（希望他不是个洗衣机"发烧友"）。

　　那么，是什么使得本书有别于其他讲述"第一"的书呢？本书尽量把各个时代，各个地域，各个领域新鲜、有趣的"第一"都囊括其中。换言之，我并没有专注于现代西方的小玩意儿，而是对中国、埃及和中东地区等古代文明地区的先民们的创造给予了应有的重视。在做这件事的过程中，我惊讶地发现许多被认为是工业时代的发明（如空调），实际上是在数千年前的发明的基础上进行的仿造或改进。当我们认为现代技术优于传统创造，由此造成全球的不平衡时，通过纠正这种不平衡，我们发现美国和文明古国一道站在了发明创造的最高领奖台，英国与法国紧随其后。

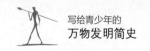
　　我想很少有读者有足够的耐心从头到尾读完整本书。大多数读者会为了消遣随便翻翻，或作为猜谜游戏的参考，或用于家庭成员茶余饭后的谈资。为了方便读者使用，本书内容分为七个部分：人类之初、家庭生活、健康和医学、旅行、科学与工程、战争与和平、文化与体育，每个部分再分成若干个主题，每个主题再细分为小的话题。

　　最后，提一下准确性。资料的来源往往大相径庭，所以确切的日期总是容易引起争议：哪一天才是第一架机器诞生的日子？是产生灵感的日子，还是获得专利的日子，或是制造原型机的日子，又或者是投入生产的日子？考虑到这些，我尽己所能做到清晰和准确。尽管如此，我可以肯定某些地方还存在不足。如果这些无心之失给读者造成了困惑，我无条件地对此表示道歉。

斯图尔特·罗斯

IN THE BEGINNING

开头的话

关于"源头"国家

本书所描述的第一次使用、发现或发明某物的地方，或者与该物相关的地方，都是以当今位于那个地方的国家的名称来标识的，比如，波斯通常会被记为"伊朗"，安纳托利亚被记为"土耳其"，美索不达米亚被记为"伊拉克"等。不过，古今国名并不一致，古今国家间的边界划分也不一致。

CONTENTS

目　录

1 人类之初
THE FIRST OF HUMAN

2 家庭生活
AT HOME

3 健康和医学
HEALTH AND MEDICINE

4 出　行
GETTING ABOUT

5 科学与工程
SCIENCE AND ENGINEERING

6 战争与和平
PEACE AND WAR

7 文化与体育
CULTURE AND SPORT

1

人类之初
THE FIRST OF HUMAN

第一个人类从何而来?

第一个生命体呢?

宇宙又是怎样诞生的?

人类之初

宇宙大爆炸

第一个"第一"，多少有一点是人为下的定义，那是大约138亿年前的宇宙大爆炸，它创造了时间、宇宙和万物。万物指的是什么？它包括那个爆炸的、不知道是什么东西的物体吗？我们不考虑那么多……

生命

地球上的第一个生命（这是一个更容易理解的概念）出现在42.8亿年前，我们年轻的星球庆祝它2600万岁生日的时候。科学家们把这第一个"生命体"（最简单的微生物）称为"卢卡"（LUCA）——最早的共同祖先（the Last Universal Common Ancestor，简称LUCA）。显然，我们都是卢卡的"后裔"。

"巧人"

卢卡的"后裔"经过了漫长的时间才进化成为人属。人属出现于大约210万年前。它的特征是与类人猿相似的相貌，隆起的大脑和使用原始工具的能力（又一个"第一"），因此它的名字叫作"能人"或者"巧人"。

直立、火、工具和语言

大约20万年后，直立的人诞生了。这种人类的脑容量更大，可能能够说话（要是这样的话，我们就有了第一种语言），有可能学会了使用火（又是

一个"第一"），并且肯定制作出了更为复杂的工具。他们还走出了非洲，走向了世界各地。

智人

我们并不太确定接下来发生了什么。然而，在人属的不同种中，大约公元前5万年，智人在第四纪冰期寒冷的环境中狩猎和采集食物。他们是最早的现代人类，是有着非凡好奇心和创造力的人类的祖先，是接下来的一系列惊人的"第一"的创造者。

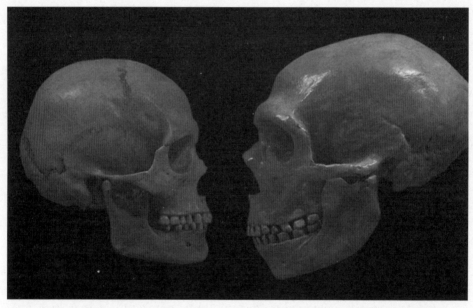

智人的头骨（左）和他"失败"的亲戚——尼安德特人的头骨（右）

2

家庭生活
AT HOME

在我们的家里，生活中每一样事物都来自前人充满智慧的发明创造。没有这些伟大的创意发明，也就没有我们今天快捷、便利的生活。

文 明

进化

人类的发展是进化和累积的。或者，用艾萨克·牛顿的话来说（重述一个著名的经典起源理论），新的思想和新的事物是人们"站在巨人的肩膀上"得到的。我们已经遇到了其中的一些巨人，不知道其姓名的他们在人类文明的早期取得了三个至关重要的突破性成就：火、工具和语言。

农业

因为农业的产生，文明的接力棒传给了智人。或许农业在所有的"第一"中具有最重要的意义。在世界上十几个不同的地方，各自独立发生着从猎杀动物、采集食物到成熟畜牧业的转变。一切始于公元前13000年左右，美索不达米亚（今伊拉克）人对猪的驯养。在几千年的时间里，同样是在中东地区，小麦、大麦和其他的农作物在猪圈旁的土地上繁茂生长，这些都是由最早的农民种植的。

定居和城市

人类一停止游牧，洞穴、帐篷和临时住所就被抛弃了，取而代之的是永久住所。我们尚不清楚公元前9000年左右，位于今以色列的约旦河西岸的杰里科和土耳其安纳托利亚南部的加泰土丘是不是第一座城镇。它们人口上百，更像是现代的村庄，但它们肯定是保存至今的最古老的城镇。

家

门和铰链

一座房屋需要一个入口。最早的有关门的图像是在古埃及墓穴的壁画中。最早的铰链出现在寺庙、坟墓和宫殿中，是安装在过梁和门槛上的简单枢轴。有了青铜（始于公元前3300年左右，铁则更晚一点），人们制造出了更坚固的铰链。到了罗马时代，人们认为这个装置非常重要，以至于把它奉为神祇：卡尔迪亚——铰链女神。固定在门和门框上的现代合页要到1850年才出现。

窗户

第一扇窗户只是在墙上打一个洞，让光线和新鲜空气进来，让烟和气味散出去。必要的时候，窗户可以用一块木板、一块布或者一张兽皮遮住，这就是最早的窗帘。到了公元1世纪，中国人开始造纸，他们用纸做窗帘和书写。第一块玻璃诞生于大约5500年前的黎凡特，到公元100年，古罗马人在亚历山大城用玻璃制作了玻璃窗。这种玻璃虽然粗糙且不太透明，但它比几个世纪以来一直使用的薄的半透明

庞贝古城遗址中的一扇窗户

的石头和扁平的动物角片要好。彩色玻璃的诞生要追溯到古埃及和古罗马时期，从公元元年开始，它被广泛用于窗户上。在北欧的修道院建筑中，彩色玻璃窗的效果令人惊叹。平板玻璃的生产还要再等1000年，始于詹姆斯一世（1603—1625年在位）统治时期的英国伦敦，并在1688年路易·卢卡斯·德内侯和亚伯拉罕·萨瓦特首创新工艺之后，应用更加广泛（如法国国王路易十四的凡尔赛宫）。

锁和钥匙

人们一旦有了带门窗的房子，在里面积存了宝贵的财产，就需要锁来保护它们的安全。再一次地，中东地区率先使用了木锁。第一把有金属构件的锁出现在古罗马和中国。第一把钥匙归功于公元前6世纪的萨摩斯的西奥多鲁斯。几乎在同一时间，第一把挂锁也问世了。纯金属锁则归功于阿尔弗雷德大帝统治时期（公元871—899年）的一位不知名的英国人，造纯金属锁可能是为了防止维京海盗劫掠。

丘伯锁和耶鲁锁

工业革命时的精密工程学使现代锁的制作成为可能。1778年，英国人罗伯特·巴伦发明了杠杆制栓锁。1818年，英国人杰瑞米·丘伯造出了更好的锁，这种锁只能用自己的密钥打开。随后，1848年，美国人莱纳斯·耶鲁发明了现代的双保险弹子锁，它可以用常见的耶鲁钥匙打开。

电子安全产品

直到20世纪，安全在很大程度上还是靠机械来维持的。1909年，作为未来发展的一个标志，美国人沃尔特·西勒奇设计了一种门锁，它也可以开灯和关灯。5年后，十分舒适的斯克里普斯-布斯汽车拥有了它引以为傲的首个中央控

制系统。然而，直到20世纪70年代，电子安全革命才真正开始，始于挪威人托尔·瑟内斯在1975年设计的可编程的电子钥匙卡锁。自那以后，所有的电子安全产品都拥有了芯片，包括1980年美国福特公司推出的车钥匙和1988年马来西亚开始使用的护照。

造纸术

古埃及人在捣碎的芦苇（纸莎草）上写字，古希腊人和古罗马人在兽皮（羊皮纸）上写字，中美洲人在熟透的树皮（树皮纸）上写字，中国人发明了造纸术。公元 105 年，中常侍蔡伦大概觉得自己的技术远超他人，所以记录了造纸过程。纸张与其他三种书写材料相比，有着本质的区别和优势，因为在造纸的过程中，植物纤维的性能发生了根本性的改变。

中国古代的造纸业

一个锁匠的传说

1818 年，关于杰瑞米·丘伯的"撬不开"的锁的故事有两个，不过都存疑。第一个是，在摄政王偶然知道了丘伯锁之后，朴次茅斯皇家造船厂采用了这种锁。丘伯可能在那里工作过。第二个故事讲述了一个被判定有罪的窃贼，他是一个职业锁匠，如果他能撬开丘伯锁，就可以被无罪释放。两个月后，他认输了，被送回朴次茅斯的港口监狱，他就是从这里被带出来的。

火和烹饪

壁炉

使用火是有别于生火的。在距今30万年前到10万年前，类人猿似乎已经发现了生火的秘密，或许是通过摩擦硬木和软木。迄今为止，我们所知道的最早的壁炉来自30万年前，是在特拉维夫附近的克塞姆洞穴中发现的。

炊具

公元前10万年，烹饪食物已经很普遍了。这一发展并不仅仅是为了满足味蕾。一种学派（"烹饪假说"）相信烹饪食物可以提供更多的健脑食品，并缩短进食的时间，使人类发展出了现在拥有至少50万亿字节的大脑。从简单的篝火烧烤，一路发展出了坑烤（公元前2.9万年）、前装面包烤箱（大约公元前800年，古希腊）、手摇式铁制烤肉扦子（中世纪）、专门建造的砖瓷

炉（15世纪，法国）、铁炉子（大约1720年，德国）、厨房铁炉（燃烧木头和煤，大约1800年，英国）、煤气炉（1826年，詹姆士·夏普，英国）和电阻炉（大约1890年，加拿大）。1893年，苏格兰人艾伦·麦克马斯特发明了电烤面包机，1909年，美国通用电气公司推出了可上市售卖的电烤面包机。10多年后，早餐面包片才出现。1928年，能用烤面包机烘烤的美国的克林梅德切片面包上市。1946年，微波炉在美国问世。1973年，第一台电磁炉开始在美国售卖。

火和烟

在过去的几千年里，明火是唯一的非太阳能的加热方式。令人惊讶的是，在12世纪之前没有人想到设计烟囱。法国的皇家风弗洛圣母修道院有着现存最早的烟囱。公元前4世纪，中国人制造出了最早的无烟燃料——焦炭。铁炉可以追溯到15世纪的欧洲；1642年，美国马萨诸塞州出现了铸铁炉；大约1678年，有人建造了竖炉（据说是罗伯特王子的灵感，他是英国国王查理一世风度翩翩的侄子）。烧无烟煤或焦炭（生产煤气的副产品）的炉灶可以追溯到19世纪30年代，大约20年后才出现了首个煤气取暖炉。

中央取暖

有人说中央取暖可以追溯到7000年前的朝鲜暖炕，意思是热的石头。然而，更多人相信，最早的中央供暖是古希腊人和古罗马人的循环热空气的地下火炕供暖系统。很久以后的16世纪，英国人休·普拉特想到了一种管道式蒸汽温室取暖系统，但是这个概念直到18世纪末才成为一个短暂存在的现实。它很快被热水管道取代，热水管道取暖是俄国沙皇彼得大帝为圣彼得堡的夏宫采用的供暖方法（1710年左右）。大约1855年，俄罗斯人还发明了暖气片。自那以后，人们主要发展加热水的方式：热泵（1855—1857年）据说是奥地利人彼得·冯·里廷格的创意；1896年，美国人克拉伦斯·肯普第一个尝试用太阳能加热水，他把一个大水箱漆成黑色。1948年，美国人罗伯特·韦伯发明了地热泵。

制冷

首个用于保存食物的冰窖出现在公元前1780年左右的基姆利里姆国王统治时期（今叙利亚）。3500年后的1756年，苏格兰人威廉·卡伦制造了第一台制冰的机器。直到1857年，苏格兰裔澳大利亚人詹姆斯·哈里森设计的机器投入使用后，才出现了能在（澳大利亚的）内地冷却啤酒的持续制冷装置。1913年，家用冰箱开始售卖。1927年，美国通用电气公司制造出了冰柜。1939年，双室冷藏—冷冻冰箱在美国出现。

凉爽的建筑

最早的人为降低室内温度的方法是蒸发降温。大约在公元前3000年，古埃及人制作了捕风机，它让微风吹过水面，由此得到冷风；他们还把水滴到挂在窗户上的芦苇上，风把芦苇吹皱，水慢慢淌过，从而降低室温。大约公元712—756年间，中国皇帝唐玄宗的宫殿中的凉堂是用水力风扇制冷的。1906年，第一台电动增湿冷风机在美国获得专利。4年后，美国布法罗的威利斯·卡里尔航空公司安装了世界上第一台电动空调。

保存食物

冷冻不是保存食物的唯一方法。至少1.4万年前，农民在阳光下晒干农作物。不久之后，人们发现添加盐有利于防腐（在公元前5500年的智利和公元前3000年的埃及，人们用类似的方法制作木乃伊，给尸体防腐、保鲜）。大约公元前7000年，中国和中东地区的先民制作出了早期的酒精饮料，由此人们发现

了酒精具有防腐的功效。我们所知的最早的泡菜是公元前2030年底格里斯河谷的腌黄瓜。至迟在1772年，荷兰海军食用了罐头食品。1810年，罐头生产工艺在英国获得专利。此前一年，法国人尼古拉斯·阿佩尔把煮熟的食物保存在罐子里，供拿破仑的军队行军时食用。1930年，冷冻食品由美国的伯兹埃伊公司大规模投入生产；1953年，第一款"冷冻快餐"在美国上市，这使人们不用坐在餐桌旁，而是边看电视边吃，又称为"电视便餐"。

已经过了保质期的 1823 年的一罐烤牛肉

火的控制——一项重要的"第一"

　　火是地球诞生之初的礼物，可以说是地球的起源。在大约 60 万年前到 30 万年前，早期智人学会了控制火，并利用它为自身带来好处。这个缓慢的过程有意无意中成为人类最重要的成就之一，可以说，它与农业的发展同样重要。火提供了温暖，帮助人类移居到本不适宜居住的地区；在洞口或者营地边缘点燃的火抵御了野兽的入侵；火拓宽了人类在寒冷、黑暗的夜晚可活动的范围——可以在森林中砍伐，在洞穴里开凿，在篝火旁讲故事；火丰富了人类文化，出现了炭笔艺术家和烧制泥人的雕刻家；最重要的是，火催生了烹饪，这是从猛犸肉排到米其林星级餐厅这条漫长又美味的道路的第一步（熟的食物可能还会增强大脑机能，见下文对炊具的介绍）。

厨 房

锅碗瓢盆

　　黏土储存罐已经存在了大约2万年，最早是中国人制造的。大约在1万年前，古埃及人发明了釉，大约4000年后，他们的邻居美索不达米亚人开始使用陶轮。大约公元前1600年，中国人制作出了瓷器，中国因此被称为China（瓷器）。令人惊讶的是，1758年，伦敦人乔西亚·斯波德发明了骨瓷。由于黄金稀有且不生锈，天然黄金很可能是第一种用作珠宝的金属，但是它的重量和珍稀程度使得黄金的烹饪用具只存在于童话故事里。大约公元前5250年，在今塞尔维亚，人们首次冶炼出了铜，它可以做出更好的炊具，而公元前5000年冶炼出的青铜更佳。最早的青铜合金由铜和砷组成，有着明显的缺点，很快被公元前4500年，生活在今塞尔维亚的先民冶炼出的铜锡合金取代。黄铜，即铜锌合金，诞生于公元前3000年的中东地区。铁的冶炼始于公元前2100年左右的土耳其。

　　铜、黄铜、铁和钢制成的炊具成为常态，这一直持续到18世纪晚期，德国出现了搪瓷锅。19世纪末，铝（1824年首次被冶炼出来）锅出现了。此前，1805年，意大利人布鲁格纳泰利发明了电镀技术。随后的一个世纪见证了耐热玻璃（1908年，美国）、不锈钢（1913年，英国）、聚四氟乙烯（1938年，美国）、碳纤维（1860年，约瑟夫·斯旺，英国）以及一系列新型复合材料，包括新型陶瓷和新型玻璃的诞生。

第一口锅

简单的烧烤只需要一根尖尖的木棍或者骨头、鹿角之类的东西，只要能把食物放在火边烤就行，其优点是简单、快捷，小孩子也可以做到，缺点是大量的营养（尤其是油脂）滴落到火中流失。解决方法是用锅烹饪。最早的烹饪容器很可能是动物的壳。人们曾经认为，第一口人造锅是和农业一起到来的，但人造锅其实是中国的狩猎、采集者在约2万年前制作的。他们在那些大的、橡子形状的陶器中煮了什么？世界上的第一份鱼汤！

食品贮藏室

面包

有人认为，在大约3万年前，我们的祖先通过制作某种面包（将谷物与水混在一起，然后在石头上加热）来改变他们狩猎和采集野生植物的饮食方式。2018年，人们在约旦发现了1.4万年前烤面包的证据。公元前1000年，古埃及人开始用酵母发酵面包。大约公元前800年，美索不达米亚（今伊拉克）人发明了磨石，磨出了更精细的面粉。在大约公元前300年的古罗马（今意大利），烘焙变成了一种职业。1928年，美国的罗韦德尔公司制造了自动面包切片机，在当时面包的制作水平与今天已不相上下了。

蛋糕

烘焙让我们吃上了美味的蛋糕。据称，古埃及人烘焙出了第一份蜂蜜调味的甜食。美国人在1872年出版了首个分层蛋糕的配方。布丁的起源难以追溯，因为这个词既可以指甜食，也可以指美味的菜肴，还可以指馅饼。馅饼据说是古希腊人发明的，公元前5世纪的阿里斯托芬的戏剧中提到了它。这意味着当时也有了油酥糕点，它最早是在公元前1千纪，由埃及、腓尼基或者古希腊人发明的。

香肠

大约公元前600年，人们把肉和其他食物放入洗净的一段肠衣中制作香肠。这一工艺几乎同时出现在中国和古希腊。不过有些人认为美索不达米亚人在这之前的2000年就做出了相似的食物。至少在2000年前的古希腊、古罗马就有了发酵香肠（萨拉米香肠）。1789年，法国大革命后不久，法国人用羊角面包（17世纪匈牙利人的发明）包裹住香肠，制成香肠卷，它几乎立即被出口到英国，并在那里成为一种广受欢迎的食物。

家畜

狗是人类最好的朋友，也是最长久的朋友。狗在大约1.5万年前成为第一种被驯养的动物（德国）。然后是猪（中国）和绵羊（安纳托利亚），都在公元前9000年左右被驯养。公元前8000年左右，山羊（波斯）和牛（西亚）几乎同时被驯养，并列第四。印度人驯养鸡则要晚一些，大约在公元前6000年。

乳制品

大概在驯化山羊（见上文）不久之后，人们就意外发现了黄油。1869年，法国人梅奇·毛里士发明了人造黄油。联合利华公司在1920年推出了Stork，并在1964年推出了植物油制成的Flora（Stork和Flora皆为黄油品牌）。与此同时，注重健康的斯堪的纳维亚人开始使用植物油、橄榄油等制成的各种涂抹酱

替代黄油。反刍动物将奶储存在富含凝乳酶的胃里，于是人们又意外发现了奶酪。成熟的奶酪制作来自大约公元前5500年的波兰和克罗地亚。下面是有记载的一些奶酪品种的"第一次"：切达干酪（大约公元前1500年，英国），马苏里拉奶酪（1570年，意大利），帕尔马干酪（1597年，意大利），以及卡门贝软质乳酪（1791年，法国）。瑞士在1815年有了第一家奶酪工厂，在1911年有了第一块加工干酪。

在驯化马之后的某个不确定的时期，中亚的部落意外发现了酸奶（古罗马人认为它是"未开化"的食物）。1919年，土耳其人伊萨克·卡拉索开始工业化生产酸奶，并以他儿子丹尼尔的名字给公司命名。随后，达农（Danone，"小丹尼尔"）在美式发音中变为达能（Dannon）。1933年，在捷克首都布拉格，水果和调味酸奶开始商业化生产。

快餐

"快餐"是指一个人在移动的时候，比如在骑马、犁地或者在超市购物时，能匆忙吃上一口的食物。因此，虽然到20世纪50年代初的词典中才有了"快餐"一词，但依旧很难判断第一份快餐是什么时候卖出去的。为了让问题简单化，我们将"快餐"定义为在城市中销售的、预先煮好的外卖食品。快餐的"先驱"是英国兰开夏郡莫斯利的约翰·李斯和伦敦东区的犹太移民约瑟夫·马林，他们都在19世纪60年代出售炸鱼、薯条。

在许多关于汉堡的发明的说法中，我更赞同德国汉堡人弗兰克·门奇和查尔斯·门奇，与他们的肉贩安德鲁·克莱恩的故事。在1885年美国布法罗的伊利县集市上，香肠摊用完了猪肉之后，他们用小圆面包包上五香牛肉作为替代，取得了巨大成功。通常认为沃尔特·安德森的白色城堡餐厅（1921年，美国威奇托）是第一家快餐店。第一家麦当劳在1955年开张。烤肉串始于中世纪的波斯。早在公元997年，就有意大利人享用比萨的书面证据。

在近东和远东地区，咖喱及糖醋风味的菜肴和烹饪本身一样古老。第一家在海外的印度餐馆于1810年在伦敦开业。在1908年，伦敦的第一家中餐馆开门营业。在20世纪50年代，海外的印度菜和中国菜开始提供外卖。巴提菜，最早的英属印度菜，据说起源于1971年的英国伯明翰。

　　三明治伯爵四世约翰·蒙塔古（1718—1792年）是一个臭名昭著的赌徒。虽然他的故事可能是虚构的，但第一块三明治是他在赌桌上吃的，不失为关于三明治起源的一段佳话。1920年颁布的法律推动了法国长棍面包的发展，尽管长棍面包的生产始于18世纪的法国，那可能是人们第一次将法棍切开，装入黄油、奶酪和火腿。不久后，在1917年的英国，威廉·基奇纳出版了《厨师指南》，告诉了全世界如何制作零食之王——薯片。英国的史密斯炸薯片是第一款加入少许盐的薯片。20世纪50年代初，爱尔兰人乔·墨菲生产了第一款调味薯片，墨菲的昵称是"马铃薯"。

1955年开业的美国伊利诺伊州的第一家麦当劳的顾客

早餐麦片

粥和农业一样古老。德裔美国人斐迪南·舒马赫的格曼米尔斯美国燕麦公司（1854年改名为桂格燕麦，2001年被百事公司吞并）引发了美国的早餐麦片革命。1880年，在大西洋的另一侧，史考特的燕麦粥上市了（1982年被桂格燕麦买下）。第一种人造早餐麦片是詹姆斯·凯莱布·杰克逊于1863年在美国推出的"谷兰诺拉"。18年后，美国人约翰·哈维·凯洛格制作了类似的产品，为了不被起诉，他称它为"格兰诺拉"。凯洛格的巴特克里克烤玉米片公司成立于1906年。6年后，瑞士医生马克西·米利安·伯彻-本纳给他的病人吃了第一种综合干果麦片。

1907 年，家乐氏公司早期的烤玉米片广告

冰激凌和巧克力

公元前15世纪的古希腊人吃着各式各样的冰激凌，但那不过是有味道的"雪"。三个世纪后，中国人制作出了真正的牛奶冰激凌。1533年，有味道的"冰"传到欧洲。19世纪80年代，甜筒出现在了意大利，软雪糕则于1934年诞生在美国。

大约5300年前，安第斯山脉东坡上的人们第一个种植可可。16世纪上半叶，西班牙人将可可带到欧洲。荷兰人科恩拉德·范·霍顿（1828年，将巧克力从可可豆中压出）和英国人约瑟夫·弗赖（将巧克力塑型）把可可从饮料变成块状。瑞士人丹尼尔·彼特在1875年使用了另一个瑞士人亨利·雀巢发明的奶粉，发明了牛奶巧克力。自此，现代的巧克力工业形成并开始运转。

糖

大约公元前8000年，印度人首次种植甘蔗。大约公元350年，甘蔗的甜汁被制成了颗粒。1492年哥伦布发现美洲后，将甘蔗带到了新大陆。1801年，西里西亚（今波兰）开了第一家甜菜加工厂。甜味的第三个来源是富含葡萄糖的玉米糖浆。1812年，俄罗斯科学家发现了玉米糖浆。1864年，玉米糖浆在美国走向商业化。大约1958年，克林顿玉米加工公司设法

16世纪，带着巧克力锅和手工雕刻的搅拌器的阿兹特克人

将葡萄糖部分转化成为果糖，甜味从此更加吸引人类。在日本科学家的进一步研究之后，1967年，克林顿公司生产出了高果糖浆。糖精这种甜味剂（最初是"穷人的糖"）是在1879年，由德国科学家法赫伯格意外发现的。1932年诞生于瑞士的埃尔姆塞塔是第一个人工甜味剂品牌。

减肥

　　出于保持身材和健康的需求，饮食习惯一直是人们关注的重点。公元2世纪，希腊妇科医学专家索兰纳斯建议采取一种包括通便和腹泻的方法来减重。（他的名字就暗示着腹泻那令人不快的副作用！）据说是1724年英国医生乔治·切恩在一篇名为《健康长寿》的论文中提出了第一种现代的减肥方法。第一本流行的减肥书是一位对营养不良的后果有着充分了解的人写的：殡仪从业者威廉·班廷于1863年在英国出版了《关于肥胖的信》，他提倡食用肉类、蔬菜和水果的同时，饮用一杯干葡萄酒来均衡饮食。直到21世纪，这本书还在印刷。第一种减肥药（可能是致命的）于19世纪末在几个西方国家开始销售。更安全的减肥方法则是在20世纪60年代早期提出的"慧俪轻体"（Weight Watchers）。

热狗

　　早在13世纪，德国人就在吃法兰克福香肠了。他们移民到美国的时候，也带上了这种美味佳肴，把它当作小吃在街上出售。问题是如何在不烫到手的情况下吃上一根刚出炉的滚烫的香肠？他们的解决方法是给顾客提供一双非一次性的手套。新的问题又来了，顾客吃完香肠后，不归还手套，于是出售香肠的利润急剧下降。新的解决方法是将香肠包裹在面包卷里，热狗就这样诞生了。没有人能确定第一根热狗是什么时候做出来的，不过有一个比较可信的观点，美国密苏里州圣路易斯的富奇旺格夫人在 1880 年做出了第一根热狗。

酒　窖

水和葡萄酒

水是第一种饮料，至今仍然是人们的最爱。毫无疑问，我们史前的祖先用各种果汁及诸如此类的饮料让自己快活起来，但巨大的突破还是酒精饮料，它能带来刺激。考古发现表明，中国人在大约9000年前发酵葡萄的时候制成了他们的第一杯酒精饮料。这是不是葡萄酒还存有争议。相对确凿的证据表明，格鲁吉亚人在大约公元前6000年生产了第一杯葡萄酒。大约公元前4100年，亚美尼亚有了最古老的葡萄酒厂。根据酿造的年份来鉴定葡萄酒的品质要追溯到中世纪晚期的法国。从罗马时代开始替代木头和碎布作为瓶塞的软木塞，随着德国人在1890年制造出复合软木塞，变得更加便宜。1955年，塑料瓶盖的发明引发了软木塞与合成木塞之争，瑞士人在1970年成功试用葡萄酒的螺旋瓶盖后，二者的竞争变得更加激烈。

烈酒

蒸馏法始于3200年前的古巴比伦（今伊拉克）。到公元1世纪，蒸馏法在中国和印度河流域（今巴基斯坦）被用来生产含酒精的饮料。公元9世纪，阿拉伯科学家阿尔-肯迪生产了一种可以说是烈酒的饮料。最早的威士忌毫不意外地产自苏格兰（1494年）。其他有名的烈酒在16世纪纷纷出现：荷兰人发现烧制过的葡萄酒（白兰地）比没烧制的要好；荷兰人反抗西班牙统治（16世纪

末）时，他们的士兵痛饮"珍妮弗"（杜松子酒）来提升士气；至少在这之前
50年，波兰商人将伏特加带到了俄罗斯。第一杯鸡尾酒出现在1789年的伦敦或
者1830年的美国，无论是谁想出了鸡尾酒的创意，他们都是赢家。

茶和咖啡

对于那些喜欢神话的人来说，第一杯茶是4000多年前中国的神农氏喝下的
一杯开水，野茶树的叶子偶然被吹到了他的开水里。撇开神话不说，喝茶的先
驱当然还是中国。公元800年左右，茶传入日本，1606年传入欧洲。在英国，
最早的关于茶的记录是在1658年。

17世纪的一家咖啡屋

咖啡起源于埃塞俄比亚。喝咖啡与伊斯兰教的习俗有关。最早的关于饮
用咖啡的记录是在15世纪的也门修道院。1645年，欧洲的第一家咖啡馆在威尼
斯开业。

碳酸饮料

1767年，英国化学家约瑟夫·普利斯特里发明了碳酸水，由此碳酸饮料的开发成为可能。到了18世纪70年代，英国曼彻斯特的托马斯·亨利和瑞士人约翰·雅各布·施维佩（后来移居到英国伦敦）公开售卖一种他们取名为"苏打水"的饮料。19世纪30年代，美国和欧洲开始售卖柠檬汽水。1858年，印度开始售卖通宁汽水。1892年，美国人发明了第一种可使用的气密皇冠瓶盖，1899年，美国人发明了第一台玻璃吹制机，两件发明促进了碳酸饮料行业的飞速发展。在1933年的美国，啤酒首先被装罐保存，次年软饮料被装进了罐里。在1959年的美国，铝罐代替了钢罐，同年发明了拉环。

危险的气泡酒

最早的气泡酒只是普通的葡萄酒，因为它还没有发酵完就在冒泡，在古代这种现象很普遍。第一瓶有意起泡的酒——布兰格特（"小白"）德·利穆斯，是由圣伊莱尔修道院的本笃会僧侣在1531年制作的，他们把这种酒装在用软木塞密封的瓶子里。香槟的出现在很大程度上要归功于17世纪英国人对法国兰斯地区生产的葡萄酒的旺盛需求，这个地区的葡萄酒在瓶中持续发酵，因此产生气泡。英国人还特制了香槟酒瓶（最初香槟在生产中容易发生爆炸，伤到酒窖工人，工人们得戴着防护面罩，且偶尔会在一场连锁反应中毁掉占年产量90%的产品）。丹·格尼，1967年24小时极速狂飙比赛的冠军，他是第一个为庆祝胜利而喷香槟的车手。

啤酒

最早的啤酒可能是大约 1.3 万年前，在今以色列地区酿造出来的。其他的考古发现表明，大约公元前 8000 年，近东地区的居民（今土耳其）成了第一批啤酒酿造者。更可靠的证据表明，在此之后的大约 2500 年里，波斯人一直饮用着最早的啤酒（琥珀花蜜）。为众多艰苦的工程（包括建造吉萨金字塔）工作的工人，每天都能得到一品脱或一夸脱，甚至一加仑的啤酒作为奖赏，于是啤酒的受欢迎程度迅速飙升。

可乐

数千年来，富含咖啡因（多达 4%）的可乐果在非洲中西部地区备受欢迎，但直到 19 世纪才在西方被广泛用于消费。1886 年，美国药剂师约翰·彭伯顿发明了可口可乐，这是第一种可乐饮料。它最大的竞争对手是同在美国的"布莱德饮料"，发明人迦勒·布莱德汉姆在 1893 年开始销售这种饮料，1898 年更名为百事可乐。1963 年，百事公司第一个开始生产减肥可乐。

购　物

市场和商店

　　简单的购物，即物物交换，出现在劳动分工形成的时候。那时的农民用他们的农产品来交换铁匠制造的工具等。由于在同一区域进行多种交易比较方便，大约公元前7000年，市场在加泰土丘（今土耳其）和卡尚（今伊朗）这样的地方发展起来。大约1000年后，人类第一次使用了货币。随着交易市场的建立，制造商发现将他们的工场建在零售区附近是很方便的，使得他们能够直接向顾客销售产品，因此有了第一家商店（字面意思是"作坊"）。大约公元前200年的中国人应该是第一个拥有品牌和规范包装的制造商。

购物中心

　　许多城市都说自己拥有世界上第一家购物中心。各地的分歧在于，对于拱廊商店街、露天市场、集市和购物中心没有明确的划分标准。有人赞同建于公元100—110年间的古罗马的图拉真市场是世界上第一家购物中心，但有人持不同意见，认为在阿勒波和其他中东地区，以及丝绸之路上的露天市场是最早的购物中心，这些地方的露天市场至少在公元前500年就存在了；也有人认为法国拉罗谢尔的中世纪晚期的拱廊商店街，或者始于1455年的土耳其的伊斯坦布尔大集市是第一家购物中心。1785年开业的圣彼得堡的高斯基市场很可能是世界上第一家专门为购物建造的购物广场，而1819年建成的伦敦的伯灵顿市场街是第一家专门为购物建造的拱廊商店街。1956年在美国明尼苏达州的伊代纳开业的南谷中心，是世界上第一家全封闭的、有空调的购物中心。

合作社、连锁店和百货商店

创立于1498年的苏格兰亚伯丁的海岸搬运工协会应该是世界上第一家合作社。最早的零售业消费者合作社是1761年创立的芬威克纺织工人协会，也是苏格兰的。第一家合作银行是1852年弗朗茨·赫尔曼·舒尔茨-德利奇在德国创立的。1792年，亨利·沃尔顿·史密斯在英国开了一家商店——W.H.史密斯商店，它可能是全世界第一家连锁商店。美国的第一家连锁店——大西洋和太平洋茶叶公司在1859年开业。1796年，两家百货商店诞生了：英国伦敦的蓓尔购物中心的哈丁豪厄尔公司，和英国曼彻斯特的瓦茨集市，它们都称自己是世界上第一家百货商店。巴黎人认为，虽然确切地说"红地毯"（1784年开业）是一家售卖新奇玩意的商店，但它有理由宣称自己比英国的竞争对手更古老。

超市、特大型超市和忠实顾客激励计划

1930年8月4日，迈克尔·J.卡伦在美国纽约开了世界上第一家超级市场——库伦市场。欧洲人将这个想法推进了一步，1963年，在法国巴黎附近，家乐福开业了，它是第一家特大型超市（超市和百货公司相结合）。美国威斯康星州密尔沃基市的舒斯特尔百货商店（1891年开业）用赠品券作为对忠实顾客的奖励，而英国人率先推出了会员卡（1981年）和航空里程计划（1988年）。

结账和免下车

自助超市看起来很美好，但是当顾客在摆满货物的货架间挑选商品时，他们把打算购买的东西放在哪里呢？1937年，西尔文·戈德曼——美国俄克拉荷马州的蛋先生连锁超市的老板，想到了答案——推车购物。一个问题的解决导致了新的问题：当顾客推着塞满了商品的购物车来到收银台时，收银员如何得知每件商品的价格？条形码于1952年在美国获得专利，并在1966年

成为一个切实可行的商业概念。1929年，第一个免下车的银行窗口在美国出现。大约1941年，第一个免下车的便利店在美国加利福尼亚州开业。至此，所有这些购物方面的创新都必须要人工结账。2018年，美国西雅图的亚马逊无人超市成为第一家无人收银的商店，收银员被摄像头和传感器代替。

服 装

服装材料

衣服最初是用动物的皮（皮革）以及适宜的植物材料（如树叶）制成的。缝合这些材料的针（出现在西伯利亚和南非）大约有5万年的历史，最古老的线（出现在格鲁吉亚）是34000年前用几缕野生亚麻拧成的。

之后是把动物的毛，尤其是羊毛，变成纺织品的过程。毛毡可能最先出现在公元前8000年的中东地区，因为它不需要特殊的工艺。之后是单针编织（"针刺装订"，发明于大约公元前6500年，今以色列）。最后是纺织，最早出现在大约5400年前的古埃及。最古老的衣服材料是中东地区的亚麻（制成亚麻布）、中国的丝绸、印度的棉花、中东地区和欧洲的羊毛，以及中国和日本的大麻。

纺织工艺

纱一开始是手工纺织的，可能在两万年前，人们用纺锤把线卷起来或捻成纱。在距今1000年到1500年前，印度人发明了纺车。英国人詹姆斯·哈格里夫斯的珍妮纺纱机（1764年）以及英国人理查德·阿克莱特和约翰·凯伊的精纺机（1769年）使纺纱实现了机械化。随后的改进包括转杯纺纱（斯洛伐克，1963年）以及摩擦纺纱（澳大利亚，1973年）。

编织从制作篮子开始。织布机是谁发明的已经不得而知了，因为不同的文明似乎在早期都创造了各自样式不同的织布机。争议较少的是英国人约翰·凯伊发明的机械飞梭（1733年），然后是英国人埃德蒙·卡特赖特发明的半自动织布机（1785年）。法国人约瑟夫·玛丽·贾卡尔在1804年发明的穿孔织机使得自动编织复杂图案成为可能。1895年，美国人詹姆斯·亨利·诺斯罗普制造了一种全自动织机。无梭织机是瑞士人苏尔泽兄弟在1942年发明的；喷水织机和喷气织机是20世纪50年代，捷克的研发成果。早在1589年，英国牧师威廉·李发明了第一台针织机，针织从此实现了机械化。

基本款服装

亚美尼亚人用稻草编织出了第一条（即现存最古老的）裙子，它的历史可以追溯到约公元前3900年。在埃及的一座古墓中，人们发现了一件有5000年历史的亚麻衬衫，它也可能是一件连衣裙。不久后，印度河流域的女性开始穿纱丽(南亚妇女裹在身上的长巾)。没过多久就有了长裤。第一条保存下来的裤子大约有3000年的历史，是在中国发现的。有关长裤的记载出现在公元前6世纪，它被描述成是长时间骑在马背上的亚洲游牧民族首选的服装。中东地区的阿拉伯长袍诞生的时间早于伊斯兰教的诞生，它很可能与古希腊人和古罗马人喜爱的飘逸长袍是同时期的（公元前1000年）。

靴子和鞋子

中国出土的脚趾骨化石表明人类在4万年前就穿上了鞋子。现存最早的凉鞋是用蒿属植物制成的，那是约公元前8500年，在今美国俄勒冈州发现的一双凉鞋。最古老的皮鞋是在亚美尼亚的一个山洞里发现的，这双皮鞋有5500年的历史。第一张靴子的图像出现在大约公元前13000年的西班牙的一幅岩壁画上。大约公元前3000年，古波斯人穿上了靴子，它已经是一种权力与权威的象征。可能在公元前1千纪的早期，北欧的凯尔特人最早穿上了木屐。公元前1千纪的末期，波斯骑兵穿上了高跟鞋，便于他们的脚待在马镫上。17世纪，波斯沙阿阿巴斯大帝的使者将高跟鞋（还有马甲）传到了欧洲。

足上时尚

1837年，英国维多利亚女王穿上了有松紧带的靴子。在大西洋的另一侧，美国堪萨斯州的骑兵将欧洲的高跟鞋和墨西哥的高跟鞋结合起来，设计了牛仔靴。1853年，英裔美国人、企业家希拉姆·哈钦森移居法国，开始生产橡胶靴（英式英语中的"长筒雨靴"），跨越大西洋的聪明才智走上了另一条道路。20世纪50年代，美国有了基于日本草履设计的人字拖。从1906年起，法国人安德烈·佩鲁贾推出了许多引领时尚潮流的鞋子，他可能发明了细高跟鞋，尽管

1728 年，法国国王路易十四的宫廷中的高跟鞋

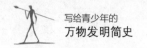

1959年的印刷品才用了"细高跟"一词来形容鞋子。在这之前的十几年，厚底的橡胶鞋悄然问世，大约在同时，尖头鞋（第一双出现在12世纪以前）化身尖头皮鞋重新面世。

内衣

第一件内衣要追溯到纺织品的发明，甚至更早。我们可以设想用树皮和树叶做成的内裤，就是缠腰布、兜裆布等。短裤样式的内衣在拉丁语中叫作"braies"或者"braccae"（裤子），从公元前1千纪起，罗马帝国以外的部落就开始穿这样的内衣了。在19世纪之前，缠腰布和内裤一直是世界范围内的标准内衣。参加运动的罗马女性穿上了类似比基尼的胸衣。现代的文胸（样子是一对"乳房袋"）出现的时间出乎意料地早，是在15世纪的奥地利。文胸的发明比19世纪晚期法国的胸衣制造商卡多尔和美国的文胸专利早了数百年。

紧身内衣、短袜和长筒袜

尽管有证据表明，至少3500年前的古克里特人就开始穿着紧身内衣，现代的紧身内衣仍然要追溯到法国王后凯瑟琳·德·美第奇禁止粗腰女性出庭。20世纪中期，弹力腰带取代了紧身内衣。

几个世纪以来，短袜和长筒袜之间几乎没什么差别。最早的袜子是希腊人在大约公元前7500年用动物的毛发制成的。到了盎格鲁-撒克逊时代（公元6世纪以后），羊毛袜变得更长，需要用袜带系起来。男式紧身裤（长筒袜和女式的连裤袜的前身）最早出现在中世纪早期。女式的吊袜腰带（美国的吊袜带）起源于19世纪。1939年10月24日，美国特拉华州威尔明顿市开始售卖尼龙长筒袜。艾伦·甘特于1959年在美国生产了第一件女式的连裤袜。

古埃及的袜子，公元 300—500 年

帽子

最古老的帽子可能是一顶铜冠，距今有5500年的历史，人们在死海附近的一个洞穴里发现了它。人们在阿尔卑斯山发现了一顶俄罗斯风格的熊皮帽，据说它是在公元前3300年左右制作的，是和一具冰冻的尸体一起被发现的。在公元前13世纪的一篇亚述（今伊拉克、叙利亚）语的文章中，第一次提到女士戴的端庄的头巾。在当时，把头发包裹起来是出身高贵的女士的特权，而那些社会地位较低的女性如果也把头发包裹起来，就会受到惩罚。土耳其在1980年颁布了第一条禁止佩戴头巾的法令。

最早的头饰（可与头巾对照）起源于16世纪晚期的欧洲，并在20世纪90年代复兴。布帽（在颌下系带的帽子）出现在14世纪的英国。17世纪，法国佛兰德斯地区出现了军式三角帽。18世纪晚期，法国出现了高帽。圆顶礼帽——一种有着圆顶的硬帽，是1849年英国人托马斯和威廉·鲍尔制造的。劫匪的标

志性头饰——巴拉克拉瓦盔式帽，最初是给在克里米亚战争（1854—1856年）中服役的英国士兵保暖的帽子，不过"巴拉克拉瓦盔式帽"一词直到1881年才被使用。最后，斯特森宽边帽（"平原之王"牛仔帽）是美国人约翰·斯泰森在1865年设计制造的。

毛衣和雨衣

抵御寒冷从第一件衣服开始。更具体地说，在铁器时代（大约公元前1千纪），北欧人穿上了羊毛外衣。从1587年开始，羊毛外衣被称为"针织套头衫"，深受海峡群岛上渔民的欢迎。直到19世纪中期，"针织套头衫"一词才在英国被用来形容服装。美国人从19世纪末开始将针织套头衫称为"毛衣"。20世纪20年代，英国人将"套头毛衣"一词收入词典。第一件开襟毛衣（针织马甲）据说是英国卡迪根伯爵穿的衣服，他在1854年成为轻骑兵突击队队长。防水油布雨衣（包括防水帽）要追溯到17世纪的欧洲。斗篷可能起源于中世纪，但苏格兰人查尔斯·麦金塔在1824年发明了橡胶雨衣后，斗篷就过时了。

绅士穿的防水雨衣，来自一份1893年的商品目录

军装

根据定义，第一套陆军制服要么是公元前500年左右的斯巴达步兵的红色斗篷，要么是公元50年左右的罗马军团的装束，或者是大约公元1550年以后法国军队的团服。

和陆军制服一样，第一套海军制服也有争议：它可能是罗马帝国（公元1世纪）的海员穿的蓝灰色制服，或者源自1748年英国海军的长官对海员半标准化着装的要求，或者（最可靠的说法）源自英国皇家海军在1857年颁布的一项命令，要求士兵在服役过程中标准化着装。卡其色（乌尔都语中"暗色的"）制服在19世纪出现，当时驻印度的英军士兵把咖喱粉、咖啡和泥浆的混合物涂在白色的衣服上，使衣服变色，好让白色的衣服不那么显眼。

盔甲

第一件有文字记载的盔甲是公元前11世纪，中国士兵穿在身上的有好几层的犀牛皮甲。锁子甲（护身铠甲）起源于公元前4世纪的意大利伊特鲁里亚。板甲最早是古希腊人在公元前1千纪穿上的。人们对于防弹背心的需求最早出现在1538年，第一件确实有效的防护衣是英国议会所属的新模范军（1645年）的骑兵所穿的胸甲，他们以"铁甲军"闻名。最早的轻型防弹背心是美国制造的防弹衣K–15（1975年），它能保护穿戴者免受现代火器的伤害。

中国的犀牛皮甲，1852 年

校服和正装

校服要追溯到英国第44任坎特伯雷大主教——斯蒂芬·兰顿的统治时期（1207—1229年在位）。1553年，英国的基督医学校成为第一所采用制服的学校。

三件套西装可以追溯到法国国王路易十四统治时期（1643—1715年在位）的宫廷服饰，它模仿了16世纪荷兰流行的服装风格。马甲最先在波斯出现，随着波斯使者拜访英国国王查理二世（1660—1685年在位），马甲传到了欧洲。第一个解开马甲底部的纽扣（为了使他的胃舒服）的人是英国国王爱德华七世（1901—1910年在位）。早礼服（现在主要是用在婚礼上）是19世纪的英国人设计的。19世纪早期，与法国皇帝拿破仑一世的军队作战的德国和奥地利的军官都穿双排扣长礼服大衣，它现在已经过时了。1860年，英国的威尔士王子爱德华（即爱德华七世）定做了一套晚礼服，它替代了笨重的燕尾服。在此之前，绅士们一直都是穿燕尾服的。领结出现在法国国王路易十三（1610—1643年在位）的宫廷，他从克罗地亚雇佣兵的脖子上环绕的长布受到启发，设计了领结。最早的女式正装是17世纪中叶的欧洲骑马装，裤式正装则在20世纪60年代的欧洲首次亮相。

休闲装

短裤起源于古代的马裤和裙裤。据说，19世纪80年代的尼泊尔军队中的廓尔喀人最先穿上了现代的短裤。无处不在的牛仔裤是美国人雅各布·戴维斯和李维·斯特劳斯在1873年发明的。背心有一个世系，从19世纪早期作为内衣的背心，到20世纪初配发给美国海军的T恤。第一件有记录的印花T恤出现在1939年的美国电影《绿野仙踪》里，电影中的工人们穿着印有"Oz"的绿色T恤。超短裙可以在古埃及（约公元前1390—前1370年）的艺术作品中和各个时代的舞者身上看到，但现代的超短裙是在20世纪60年代初伦敦和巴黎的街头出现的。卫衣也有类似的模糊的世系。风帽（这个词来自盎格鲁-撒克逊语，意思是"头"）和僧侣的兜帽在中世纪的欧洲流行，但是直到1934年美国才有了连帽卫衣，而直到1991年这种衣服才被叫作卫衣。

运动服

有文字记载的第一件"运动服"是裸体，古希腊奥运会（始于公元前776年）的运动员是裸体参赛的。唯一被允许的男士的遮挡物是拳击手手上的皮革绷带，它最早出现在大约公元前1500年的克利特岛的一幅壁画上。古希腊的女运动员穿着一件简单的短裙。在19世纪之前，男、女运动员一般都是脱掉衣服游泳的，因此游泳被认为是一种道德上存疑的活动。在陆地上的体育活动中，运动员则穿着日常的各式衣服（罗马人的"比基尼"，和1525年英国国王亨利八世的足球靴是值得注意的例外）。从18世纪晚期起，随着人们对运动的益处有了更好的理解，以及新的体育运动的诞生，更多专业运动服和防护装备出现了。

固定法

鞋带和鞋子一样古老，鞋带的一些缝纫和系结的方法和服装的历史一样悠久。在公元前2700年左右的古印度，人们就将纽扣缝到了衣服上，铜纽扣要在几个世纪后才出现。大约在同一时期，别在衣服上的胸针出现了。出于某些原因，人们在寒冷的环境中使用栓扣（比如公元600年左右，在斯堪的纳维亚、俄罗斯和加拿大）。14世纪，气候更加温和的不列颠群岛上有了风纪扣。摁扣出现在中国的兵马俑（公元前210年）的纹饰上；1885年，德国人鲍尔获得了现代摁扣的专利。17世纪，欧洲人第一次使用了袖扣。随着可拆卸的衬衫领于1827年在美国出现，人们开始对衬衫的装饰扣有了需求。拉式扣件（拉链）的发明应归功于瑞典裔美国人吉迪昂·森贝克（1913年），不过关于拉链

的发明仍存在争议。尼龙搭扣就没什么争议，它是瑞士工程师乔治·德·梅斯特拉的发明，在1955年注册专利。

虱子的证据

我们相信，在十几万年前，我们的类人猿祖先走出非洲的时候就穿上衣服了，但是人类学家不同意这种说法。这种推测的证据不是来自衣服本身（没有存留下来的衣服），而是来自衣服里的生物。不过，不是我们，是指我们身上的虱子。头虱，它附着在毛发里，永远和我们在一起。但是遗传学家告诉我们，在衣服里产卵的虱子，是从大约公元前10万年的头虱进化来的，这给出了人类开始穿上衣服的时间。穿衣服与非洲人口的迁出有关，当人类迁徙到寒冷的地带，衣服成为一种必需品。

合成纤维

今天，世界上至少一半的衣服都是用150年前尚且未知的材料做的。1860年，英国人约瑟夫·斯旺发现了碳纤维。法国人希莱尔·德·夏尔多内在1889年发明了人造丝。英国人考陶尔兹在1905年制造了人造纤维。美国的杜邦公司在20世纪30年代末发明了尼龙。1941年，英国印花机协会有限公司的约翰·温菲尔德和詹姆斯·迪克森发明了聚酯纤维（涤纶），这可能是最好的人造服装材料。1998年，美国人罗伯特·卡斯丹和斯坦利·科恩布卢姆制造了吸汗纤维。20世纪60年代见证了两项引人注目的发明：一项是1962年美国人发明的氨纶。闻所未闻？试一试莱卡（人造弹性纤维品牌）！两年后，杜邦公司的英国人斯蒂芬妮·克劳莱克发明了可以救命的凯夫拉尔纤维，作为防弹背心内的超强材料。

贞操带

德国作家康拉德·凯瑟在 15 世纪出版的一本关于军事工程的书《论战争防御技术》中，最早提到了贞操带，并附有插图。现代学者认为这只是个玩笑。他们还认为，世界各地的博物馆展出的一系列奇特的贞操带都是人们在 19 世纪末到 20 世纪制作的赝品。那第一条贞操带呢？它只存在于好色之徒或痴迷于处女的人的头脑里！

家用工具、家具和小工具

刀叉和筷子

在石器时代末期（240万年前），人们用着原始的餐具（一块锋利的燧石或类似的用具），到大约公元前4500年才有了铜制的金属刀。1640年左右，法国人开始使用餐刀，它的刃是钝的，只能用来吃饭。最早的叉子是骨头做的（约公元前2200年，中国）。不过多年以来，叉子只用于烹饪和上菜。餐叉大概在公元4世纪时走上餐桌，东罗马帝国的富裕家庭开始在吃饭的时候使用餐叉。骨头做的勺子起初用于宗教活动（大约公元前1500年，中国）。不久之后，中国人制作了青铜勺子，并将它作为餐具。中华文明还带来了另一种餐具——筷子（公元前1766—前1122年，商朝）。在大约公元220年，他们把筷子作为吃饭的餐具。第一把银勺（幸运儿出生时嘴里含的那种）可能出现在公元前4世纪或者更早时候的古希腊。

一只华丽的银匙，制作于大约公元前 4 世纪

餐具

最早的陶器是简单的锅和碗（大约公元前2万年，中国）。最早的盘子是叶子或木头做的结实的盘或平盘，也已经用了数千年了（树叶不需要发明）。至少在3000年前，中国人制作了第一个陶瓷盘。2017年，大约同时期的一个中国青铜盘（可能是世界上第一个青铜盘）在拍卖会上拍出了创纪录的价格。早在欧洲的钟形杯文化诞生之前（大约公元前2900—前1800年），人们已经使用了数千年的陶制烧杯，与此同时，人们还制作了最早的皮革饮用器。最早的陶杯（带有手柄的烧杯）很可能是希腊人在公元前5000年制作的。富有经验的中国人在大约公元前210年制作了茶杯，后来在1750年，英国人罗伯特·亚当给茶杯加了一个把手。自1700年起，茶杯一直放在茶托上。在大约公元前1500年，埃及人和美索不达米亚人制造了玻璃器皿，并发明了雕花玻璃。公元前1世纪，生活在今叙利亚的人们发明了用于制造玻璃的吹管，从此做玻璃变得更加简单。第一只酒杯诞生于古埃及法老图特摩斯三世的统治时期（公元前1479—前1425年在位）。1867年，德国人制造了纸盘；1908年，美国人制造了纸杯。美国人还需要对塑料杯造成的环境污染负责，塑料杯在1964年获得专利。

液体储存

大约5500年前，美索不达米亚人制造了看起来像水壶的青铜容器。1707年，英国人亚伯拉罕·达比引入砂型铸造的工艺，铸铁水壶随之诞生。1890年，美国出现了第一只鸣笛水壶。1892年，英国人开始用电水壶烧水沏茶。带柄水罐、大口水壶和带柄水壶至少有着12000年的历史。托比壶（小酒杯）出现在18世纪中期，据说是以托比·菲尔波特的名字命名的，他是英国约克郡著名的啤酒饮者。第一只桶应该是古罗马人和凯尔特人在大约2000年前制造的。大约2000年后的1934年，人们用钢桶将印度花牌淡啤酒从英国运到印度，这是第一批钢桶。20世纪50年代有了不锈钢桶，铝合金桶则出现在20世纪60年代。早期的瓶子是史前时代的人们用皮革做的。最早的玻璃瓶是公元前100年左右的东南亚人制造的。1947年，一个令人烦恼的环境污染源——塑料瓶在美国诞生了。1892年，英国剑桥的詹姆斯·杜瓦爵士发明了热水（真空）瓶，但它是1904年在德国制造出来的。

家具

在文明诞生之初，人们就开始用自然物来制作家具了（如树墩、石头等）。77000年前，南非夸祖鲁-纳塔尔省的居民用一层层的植物材料制作了第一张床，但这还不能称作家具。人们在苏格兰奥克尼群岛中的斯卡拉布雷发现了现存最古老的家具，石橱、架子、座椅和床（大约公元前3000年）。关于木制家具（椅子、凳子、储物箱和升降床）的最早记录来自大约公元前3100年的古埃及。

虽然几个世纪以来，有权势的人一直被奴隶抬着走，但第一顶轿子要等到16世纪下半叶才在法国或英国出现。第一把帆布折叠椅可能是1855年约翰·卡姆在美国发明并注册的专利。

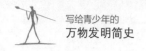

床和柜子

大约公元前3600年，有创造力的波斯人制作了第一张装满水的山羊皮水床。1889年，美国马萨诸塞州的人制作了第一张空气床（气垫床）。罗马时代的人们睡折叠床。18世纪，日本人精心制造出了日本床垫（折叠时可坐，铺开时可卧）。1899年，美国人发明了沙发床。12世纪，爱尔兰人制造了四柱床。1871年，德国人海因里希·韦斯特法尔设计了弹簧床垫，虽然睡上去很舒服，但是他未能从他的发明中获利，最后死于贫穷。衣柜（将衣服挂起而不是装在箱子中）的出现要追溯到12世纪的欧洲，几百年后才有了抽屉柜。长榻最早出现在古埃及，后来在16世纪，在法国演变成躺椅，并于17世纪20年代演变成沙发（"sofa"来自"suffah"，是阿拉伯语中"长榻"的意思）。

家用小工具

在罐头食品问世半个多世纪后，英国人罗伯特·耶茨在1855年设计了爪式开罐器，它代替了锤子和凿子。1870年，美国人发明了转轮开瓶器。沙拉搅拌机于1971年在法国获得专利，虽然在20世纪已经出现了类似的机器。其他做圆周运动的机器包括榨汁机（1936年，诺曼·沃克博士，美国）和食物搅拌器（1856年，手动搅拌；1885年，手持电动搅拌机，鲁弗斯·伊士曼；1908年，电动搅拌机，赫伯特·约翰逊：都是美国人发明的）。法国人皮埃尔·韦尔东在1971年发明了食品加工机——麦琪搅拌机。

沏茶

1892年，英国德比郡的塞缪尔·罗巴顿为自动茶壶申请了专利，它的构件具备潜在的优势：发条闹钟、煤气灶和指示灯。当然，自动茶壶不太适合放在床头柜上。1933年，英国人制造了第一台电茶壶——"茶婆子"；1936年，更成熟的"茶婆子"进入市场。最早的茶壶是中国发明的，也许出现在宋朝（960—1279年），用壶嘴倒茶。18世纪初，英国开始生产成套的茶具，安妮女王有一套银制的。虽然在很久之前，中国人就有了部件略少的茶具组合（例如，不需要装牛奶或糖的容器）。

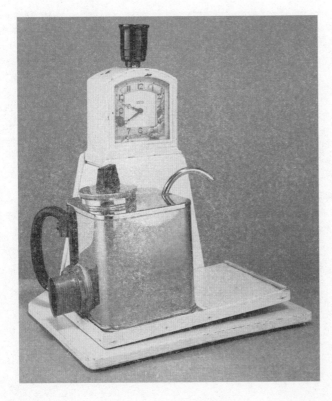

一项非常英式的发明——约1935年，高步林牌的"茶婆子"

煮咖啡

自古以来，咖啡就是用沸水煮磨碎的咖啡豆制成的。1710年，法国人喝上了第一杯咖啡饮料，他们把咖啡豆装在一个小布袋里煮。接下来，1780年左右，法国诞生了咖啡过滤器和渗滤式咖啡壶。如果说后者的设计科技含量高的话，与1884年安杰洛·莫里昂多在意大利都灵展出的浓缩咖啡机相比，它根本算不上什么。人们需要更简单、更便宜的咖啡机，几个意大利人有了新发明：1929年，阿蒂利奥·卡利马尼和朱利奥·莫内塔设计了咖啡压榨机

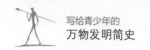
（活塞）。4年后的1933年，路易吉·德庞蒂发明了炉上式摩卡壶。随着电动滴水咖啡机（1954年，德国）和雀巢咖啡豆机（1976年，瑞士）的出现，咖啡机创造发明的潮流似乎已经到头了。不过，这可说不准……

暖床

在寒冷的夜晚，人们渴望得到一张温暖的床，这种渴望催生了一些有趣的想法。第一个也是最容易想到的是找一个温暖的伴侣。在中世纪的欧洲，仆人由此想到把加热过的石头放在主人的床上，并且在主人上床睡觉前把石头拿走。16世纪中期的欧洲开始使用暖锅，它就像盖上盖子的煎锅，装满煤或热水。1688年发生了"暖锅宝宝"的故事，这是一个关于54岁的英国国王詹姆斯二世和他的第二任妻子——29岁的玛丽王后的趣闻：在他们的孩子接二连三地夭折之后，人们不再相信国王夫妇能生出一个健康的孩子。当他们"奇迹般地"在1688年6月生下健康的孩子之后，诽谤国王的人说这个婴儿是冒名顶替的，他是被装在一个暖锅里，偷偷放到王后的床上的。相对于暖锅，1875年英国人发明的橡胶热水袋和1936年美国人发明的自动电热毯暖床的效率更高，也不会带来流言。

镜子

极其美丽的那喀索斯在看到自己在水中的倒影之后爱上了自己，而在那之前，我们就想要看看自己长什么样子了。大约8000年前，安纳托利亚（今土耳其）有了抛光的石头镜。大约公元前4000年，金属镜诞生了。古罗马作家老普林尼写到了公元1世纪的玻璃镜。2世纪末，古罗马人把闪亮的金属放在玻璃后面，以便呈现一个更准确的自己的倒影。快步走过 1500 年，我们遇到了尤斯图斯·冯·李比希，德国最著名的科学家之一。他除了给我们带来了含氧化合物和酵母，1835 年，他还发现了如何在玻璃上镀银，因而创造了一个能让我们所有人都自恋的东西：现代的银背镜。

保持清洁

清扫

扫帚和文明一样古老，最早提到扫帚的是记载于1453年的女巫飞行工具。水平扫帚是19世纪早期美国人的发明，与1858年美国人的发明——簸箕一起使用。手动的地毯清扫器始于1860年美国人丹尼尔·赫斯发明的地毯清扫器。第一批机动清扫车是用马拉动的。1898年发明的自动清扫车由使用汽油的发动机驱动，把灰尘吹进袋子里；第二年有了第一辆安装电动机的清扫车。1901年，清扫车有了重大改进，英国人和美国人发明了真空吸尘器，不过它仍然是用马拉动的。1905年，在英国伯明翰出现了第一台家用真空吸尘器。不久后的1915年，美国胡佛吸尘器公司相当成功地占据了真空吸尘器的市场。1993年，英国戴森公司售出了首个无袋真空吸尘器。

洗涤

早期的洗衣机都是手动的，其中包括1691年的"引擎"、18世纪的各种洗衣桶和洗衣机（都是英国人发明的），以及1797年美国人纳撒尼尔·布里格斯发明的"箱式搅滚机"。1851年，美国人詹姆斯·金发明了滚筒洗衣机，这是关于洗衣机的第一项重要发明。1862年，一台用于拧干湿衣服的英式洗衣机获得了专

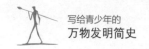
利。在这中间的11年里，美国人在1853年发明了弹簧衣夹。1910年，人们一直期待的重大突破出现了：强大的"雷神"——第一台电动洗衣机在美国诞生了。紧随其后，正如大家所说，历史性地，1953年美国人发明了全自动洗衣机和烘干机。1933年，美国宝洁公司推出的第一款洗涤剂——"卓夫特"上市销售。1934年，第一家自助洗衣店在美国得克萨斯州沃斯堡开业。1800年，一位名叫波鸿的法国人设计了一台手摇烘干机。但美国人在1938年发明的电动烘干机更有效率。

洗澡

无论是出于例行公事的原因还是出于个人卫生的考虑，人类最初是在水源充足的地方洗澡的。到公元前3000年，许多早期文明都建造了数量较少的小型的私人浴室。大约公元前2800年，巴比伦人制作了第一块肥皂。第一个大型公共浴室（约12米×7米，深2.4米）是在公元前2千纪中期，在摩亨佐-达罗（今巴基斯坦境内）建造的。克里特岛的克诺索斯王宫中可能有最早的私人浴缸（约公元前1500年）。代替了木制浴缸的金属浴缸要追溯到18世纪。铸铁搪瓷浴缸则是大约在1885年，苏格兰裔美国人大卫·别克的发明，他后来成为汽车的先驱。可能是古罗马人在大约公元前100年制造了第一批水龙头；冷热水混合水龙头是加拿大人托马斯·坎贝尔在1880年发明的。液体皂首次生产于1865年的美国。20世纪70年代，英国拉多克斯公司推出了沐浴露。在古代文明中，大约公元前1000年以后，比较富裕的公民可以享受淋浴，奴隶将一桶桶水倒在他们身上。1767年，英国有了手动泵淋浴器的专利，不过它没有流行起来，所以现代的淋浴器实际上是随着1810年左右的"英国摄政"制度一起诞生的。

盥洗室

摩亨佐-达罗也设计了一种早期的厕所。令人惊讶的是，遥远的苏格兰斯卡拉布雷的奥克尼村也有了厕所，它们都可以追溯到公元前3000年。古希腊人最早使用夜壶（公元前4世纪甚至更早）。英国的约翰·哈灵顿爵士在1596年发明了抽水马桶。古罗马人有最早的公共厕所。1883年，无人/有人门闩在英国获得了专利。对厕所清教徒式的委婉说法"休息室"可以追溯到1897年。虽然坐浴盆应该是法国人发明的（这个单词的意思是"矮种马"，是跨坐在上面的东西），但是它首次出现在1726年的意大利。1975年，意大利人更进了一步，他们把安装坐浴盆作为强制性的要求。1980年，日本制造商东陶推出了无纸化马桶（一种清洗烘干器）。第一节带抽水马桶的火车车厢（实际上是两节）是1859年美国普尔曼火车公司的"老9号"卧铺；第一间"空中厕所"出现在第一次世界大战前，1914年1月，建在俄罗斯西科斯基公司的"伊利亚·穆罗美茨"飞机上。

尿布和卫生纸

最初的尿布（尿片）可能是用树叶或干草做的。后来，任何穿旧的衣服或布都可以拿来做尿布了。1849年，随着安全别针在美国的推广，婴儿的生活变得更加舒适。1942年，瑞典人发明了一次性纸尿裤，使得照顾婴儿更加轻松。人们最初是用手、沙子、海绵、羊毛、树叶、小石头或是蘸水来清洁肛门。大约公元前 6 世纪，中国人发明了纸，他们是最早用纸上厕所的人。大众使用的卫生纸可以追溯到19世纪中叶的美国。安德烈斯湿巾诞生于20世纪90年代中期的英国。

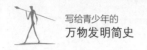
享用美食

食谱和烹饪书

最早的成文的食谱刻在公元前1700年左右的美索不达米亚的纪念碑上。通常认为公元1世纪，古罗马人马可·加维奥·阿比修斯写作的《论厨艺》是第一本烹饪书，尽管直到1483年，它才被印刷出来。阿拉伯语的烹饪书可以追溯到10世纪，中文的烹饪书可以追溯到1330年左右。最古老的家庭管理书之一是《巴黎的房主》，出版于1393年，比著名的英国的《贝顿夫人的家庭管理书》早了近500年。极具法国风情的《拉鲁斯美食》出版于1938年，它是第一部关于美食的百科全书。美国人贝蒂·克罗克的《图画烹饪书》出版于1950年，它是第一本特别使用彩色照相术的烹饪书。

在外吃喝

第一家有可靠记录的，路人可以顺便进来喝一杯、吃顿饭的地方是古代雅典的酒馆，大约在公元前400年，这种酒馆非常兴盛。大约在1765年，法国巴黎开始开设高档餐厅，人们可以去那儿吃一些日常吃不到的东西。开小酒馆的也是法国人，始于1884年。1909年，里昂人在伦敦开了第一家装饰独特的艺术餐厅。1921年，美国人开了第一家快餐店。酒吧，是人们都可以在那里喝到麦芽酒的公共场所，看上去只是一些普通的小房子，它最早于公元5—6世纪出现在盎格鲁-撒克逊人居住的不列颠地区。可能是盎格鲁-撒克逊人从欧洲大陆带来的这个点子。1991年，大卫·艾尔和迈克·贝尔本把位于英国伦敦克勒肯维尔的老鹰酒吧改造成了第一家美食酒吧。酒吧（Bar）是一个词源学的问题，16世纪末，酒馆最初被称为"bar"[即栅栏（barrier）或柜台（counter）]。

3

健康和医学
HEALTH AND MEDICINE

健康的身体是人类最大的需求。为了治疗疾病、保持健康，人类创造了医学，并有了种种有关健康和医学的创造和发明，从而延长了生命，提高了生活质量。

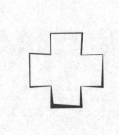

早期医学

非凡的古埃及医学

正如类人猿生病后通过吃某些植物就可以自愈一样，我们可以设想早期人类也是这样治病的。他们吃下的是最早的药，尽管形式很粗糙。当时的治疗方法，如约公元前4000年的古印度的阿育吠陀疗法，混合了疗效不定的草药疗法、巫术和招魂术，或许把它描述成最早的替代疗法更为准确。苏美尔（约公元前1900年）的泥板文书和古埃及（公元前1800年以后）的纸莎草文稿是最早的医学文献。事实上，古埃及人在医学上的创新工作是非常了不起的。他们拥有第一个医生赫斯拉、第一个女医生梅里特·普塔、最早的专科医生、医疗中心（"生命之家"，约公元前2200年）和妇产科，他们还最早提出了肿瘤、大脑、脉搏的概念以及使用一些科学、有效的药物，如用于治疗便秘的蓖麻油和用于止痛的大麻。也有人认为，古埃及人是白内障手术的先驱，他们使用"针拨术"。

古希腊医学

和其他很多方面一样，古希腊人在医学上也创造了许多举世瞩目的"第一"。最杰出的人物是科斯岛的希波克拉底（约公元前460—约前370年），他被誉为"现代医学之父"。希波克拉底试图把疾病的治疗从不科学的巫术中分离出来。据说他还开创了生活方式医学（"走路是最好的治疗"）和医学伦理学的概念。现代的"希波克拉底誓言"是对这位古希腊医学先驱的致敬。希罗

菲勒斯（公元前335—前280年）区分了动脉和静脉，被誉为第一位解剖学家，应该是他和盖伦（公元129—约200年）首先认识到了大脑既是智力中心，又是神经系统的中枢。希罗菲勒斯是解剖学的先驱，不过从现代的角度来看，他对罪犯进行活体解剖在一定程度上损害了他的名声。说到解剖学，我们还必须提到埃拉西斯特拉图斯（约公元前304—前250年），他在亚历山大港从事医学研究，也是我们所说的活体解剖学家，他认识到心脏是一个泵。

伊斯兰医学

古埃及点燃了医学的火炬。中世纪的阿拉伯学者接过了火炬，让它继续燃烧，他们将欧洲的医学知识和亚洲的医学知识结合在一起，创作了几部非常有前瞻性的著作。波斯博学家阿布·贝克尔·穆罕默德·伊本·宰凯里亚·阿尔拉齐（854—925年）被誉为"儿科、心理学和心理治疗之父"，他首先将麻疹与天花区分开来。他还记录了白内障摘除手术，这一手术可能始于古代。伊本·阿尔纳菲斯（1213—1288年）发现了肺循环。几个世纪后，英国生理学家威廉·哈维（1578—1657年）在1628年发表了有关血液的肺循环的更为完整和详细的论述。出生于巴士拉（今伊拉克第二大城市）的哈桑·伊本·阿尔海萨姆（约965—约1040年）是第一个把眼睛解释为一种仪器的科学家，他还提出视觉是光从物体表面传入眼睛的结果。

科学的医学

三项"第一"标志着现代医学的开端。

第一，1543年，"现代解剖学之父"弗莱明·安德烈·维萨里（1514—1564年）出版了《人体构造》。他第一个向我们展示了作为身体框架的骨骼，以及肌肉的组织和功能。

第二，英国哲学家弗朗西斯·培根（1561—1626年）对后来被称为经验主义的"科学方法"作了最早的明确表述,即知识和理论不应建立在给定的真理之上,而应建立在可证实的和可不断地重新评定的事实之上。

第三,荷兰科学家安东尼·列文虎克(1632—1723年)用他自己设计和制作的显微镜揭开了隐秘的细菌、精子、红细胞和其他微生物的世界。

针刺疗法

将针头扎入身体以治疗疾病或止痛的起源尚不清楚。许多人认为这种做法始于公元前600年左右的中国医生扁鹊,不过也有人认为它起源于中国的商朝(公元前1766年以后)。早期的批评人士对针灸持怀疑态度,因为缺少钢就需要用金、银等贵重且不好使的软金属做的针扎进肉里,甚至用棘刺、燧石的碎片或尖竹片扎进去。还有人认为,冰人奥茨(一个在阿尔卑斯山的冰层中保存了5000多年的人类木乃伊)身上的61处文身代表了针刺疗法的一种原始形式。话虽如此,但可以确定的是,针灸在公元前6世纪从中国传到朝鲜,并在16世纪传到了欧洲,17世纪传到了美国。

药 物

止痛

在古代,罂粟籽和酒精是最早用于减轻疼痛的药物。但是麻醉剂的第一次出现,是瑞士医生巴拉赛尔苏斯(1493—1541年)在1525年将鸦片酊用于镇痛。大约1804年,德国化学家弗里德里希·塞尔特纳分离出吗啡用于镇痛,吗

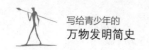
啡于3年后上市。中国的外科医生华佗（约140—208年）应该是第一位有记录地使用大麻做麻醉剂的人，尽管在此之前，古埃及人几乎肯定使用过大麻。最早的消炎镇痛药是阿司匹林，后来法国人查尔斯·戈哈特在1852年分离出了水杨酸（柳树皮的有效成分，2000年前就被希波克拉底发现了）。1899年，德国拜耳公司将水杨酸推向市场，美国人在1931年将其与碳酸氢钠和柠檬酸混合制成泡腾剂式的消食片。20世纪60年代，布洛芬问世，萘普生则在10年后问世。退烧药最初是在1886年发明的有毒的对乙酰氨基酚，到1950年才开始出售相对无害的对乙酰氨基酚，其间已经过去了半个多世纪。

麻醉

"麻醉"一词是美国作家奥利弗·温德尔·霍姆斯在1846年创造的。但是，如前所述（见上文），鸦片、酒精、大麻、毒芹和其他药草（单独使用或混合使用）长期以来一直被用作镇痛药和镇静剂，而大剂量服用这些药往往会致命。据推测，早在公元前3400年，苏美尔人就种植罂粟了。有可靠的记录表明，第一次全身麻醉发生在公元2世纪的中国，据说华佗在手术前，用一种被称为"麻沸散"的神秘药剂（可能是药草、酒、大麻的混合物）麻醉患者。不过记录中并没有提到他们当中是否有人痊愈。日本大阪的华冈青洲学习了华佗的药剂，结合西方的科学知识，制作了"通仙散"。有了这种强效麻醉剂，华冈青洲在1804年进行了首例有可靠记录的全身麻醉手术（乳房的部分切除术）。同一时期，在西方，科学家和医生专注于研究吸入式麻醉剂：乙醚（据说是在1275年发现的，在1540年合成，并于1846年在美国作为吸入式麻醉剂首次使用）、一氧化二氮（"笑气"，在1772年首次制成，并于1844年在美国的一次拔牙手术中首次使用）和氯仿（1847年在英国首次用于全身麻醉）。1934年，科学家合成了第一支静脉麻醉剂（硫喷妥钠）。1937年，德国化学家制造了美沙酮，这是第一种人造鸦片制剂。杜冷丁（哌替啶）出现在1939年。

注射器

　　最早的注射器是古罗马作家奥鲁斯·科尼利厄斯·塞尔苏斯在公元1世纪写到的一种有着一个柔软的球状物和一个狭窄的管子的喷射工具。在近代，许多科学家考虑到注射的可能性。其中之一是英国的克里斯多弗·雷恩爵士（1632—1723年），他用气囊和鹅毛笔在狗身上做实验。直到1844年，人们才造出了现在使用的空心金属针注射器。当时，爱尔兰医生弗朗西斯·雷德给一名妇女注射了吗啡。9年后，苏格兰医生亚历山大·伍德（同期可能还有法国医生查理斯·普拉瓦兹）发明了一种皮下注射器，里面有一根足够细的空心针可以刺穿皮肤。1946年，英国第一次出现了全玻璃的、易于消毒的皮下注射器。1949年，澳大利亚人首次使用了一次性塑料的皮下注射器。1989年，西班牙人开始使用与针头分离的注射器，从而减少针头的重复使用和病菌的交叉感染。

细菌战争

　　人们花了很长时间才发现污秽和感染之间的关系。古代和中世纪的一些医生达成了一种共识，认为疾病是由看不见的"种子"（而不是糟糕的空气）传播的，但他们缺乏支持这一观点的科学知识。后来被称为"细菌理论"的观点始于17世纪中叶德国人阿塔纳斯·珂雪对罗马瘟疫受害者的研究；安东尼·列文虎克发现微生物后，将这一理论进一步推进。1813年，意大利洛迪市的阿戈斯蒂诺·巴希证实了传染病是由微生物传播之后，匈牙利产科医生伊格纳兹·塞麦尔维斯（1818—1865年）坚持要求他所在科室的每

戴着面具的防疫医生

一位医生，在为分娩的妇女助产前，都要用肥皂和次氯酸钙洗手。尽管塞麦尔维斯是第一个证实微生物理论及其相关实践的正确性的医生，但是他的成果完全被忽视了，他也因为败血症死在了一家精神病院。尽管如此，这些理论和实践还是指导了法国微生物学家路易斯·巴斯德（1822—1895年，巴氏灭菌法的发明者），和苏格兰医生约瑟夫·李斯特的研究工作。李斯特是"现代外科之父"，他是第一个坚持使用无菌手术室的外科医生（19世纪70年代）。

糖尿病

最早提到糖尿病的文献来自古埃及。公元前1552年，古埃及医生赫斯拉写道，尿频是一种奇怪的使人衰弱的疾病的症状。"糖尿病"（diabetes）一词的出现证明了其与小便的关联，在大约公元前250年的古希腊，该词是"虹吸管"的意思。在近代早期，这种"肮脏的小便"由欧洲的"尝水者"诊断，他们可根据尿液的甜味确诊是否为糖尿病患者。因此在1675年增加了"mellitus"（蜂蜜的味道）一词来形容这种疾病，于是糖尿病有了一个全称：diabetes mellitus（DM）。1889年，德国科学家约瑟夫·冯·梅林和奥斯卡·闵可夫斯基发现了胰腺对于糖尿病的作用。第一次世界大战期间，罗马尼亚学者尼古拉·C.保列斯库发现了后来被称为"胰岛素"的激素。1922年，14岁的加拿大人伦纳德·汤普森成为第一个用胰岛素成功治疗糖尿病的人，这是弗雷德里克·班廷、查尔斯·贝斯特、詹姆斯·科利普和约翰·麦克劳德组成的加拿大—苏格兰研究小组的成果。1978年，美国科学家发明了合成胰岛素，并从1982年开始在本国销售。

肚子痛

虽然在几千年前，口腔、胃和肠道的物理特性就已为人所知，但在19世纪之前，人们对它们的化学特性知之甚少。威廉·博蒙特的开创性工作至关重要。在此之前，苏美尔人已经开出了第一支抗酸药的处方。大约在公元前2300年，苏美尔人证明牛奶、薄荷和碳酸钠的组合治疗腹痛是有效的。1829年，爱尔兰医生詹姆斯·默里首次使用氢氧化镁作为抗酸药。43年后的1872年，英国人约翰·菲利普斯以一种可口的氧化镁牛奶将氢氧化镁推向市场，取得了极大成功。在接下来的一个世纪里，英国科学家在1977年发明了西咪替丁，一种在人体感到腹痛之前就抑制酸产生的药物。一直以来，医学界都把胃溃疡归咎于胃酸的产生，与饮食、压力等有关。直到1982年，澳大利亚医生罗宾·沃伦和巴里·马歇尔才鉴别出引起胃溃疡的细菌，虽然很多年后医学界才接受这一点。另外两个与肠道相关的"第一次"也值得注意。1735年，第一台阑尾切除术由在伦敦圣乔治医院工作的、被放逐的法国新教徒克劳迪乌斯·艾米安成功完成；19世纪90年代，欧内斯特·斯塔林（他还创造了"荷尔蒙"这个词）和他的姐夫、伦敦大学的威廉·贝利斯发现了肠蠕动。

"神奇药物"——抗生素

英国细菌学家亚历山大·弗莱明（后来的亚历山大爵士）在1928年意外发现青霉素的故事可以说是众所周知，这里不再赘述。但很少有人知道，早在弗莱明之前的2000年，中国、埃及、塞尔维亚等古代文明已经发现了发霉面包的治疗特性，即含有一种原始形式的抗生素。此外，弗莱明的"第一"也存在争议。1870年，英国的约翰·斯科特·伯登-桑德森爵士就已经注意到霉菌是如何抑制细菌生长的。19世纪90年代，德国科学家鲁道夫·艾默里奇和奥斯卡·勒夫发明了第一种抗生素——绿脓杆菌。1939年，英国牛津大学的科学家霍华德·弗洛里和恩斯特·钱恩分离出了青霉素，这是一种有效的霉菌药物。1941年，在英国，青霉素被首次用在患者身上。1945年，第一种广谱抗生素——金霉素在美国被发现。1954年，科学家首次对"超级细菌"的耐药性发出了警告。直到2018年，科学家才研发出一种抗生素，据说可以对付已知的超级细菌。

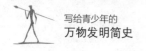
抗抑郁药

多年来对抑郁症的治疗都不太理想。最早提及精神失常的是巴比伦和中国的古典文献，认为精神疾病源于邪灵"附身"。古希腊的医生最早将心理健康与身体健康联系起来，但大多数人认为抑郁源于体内"精神"的失衡，这一观点被盖伦广泛传播。罗伯特·伯顿于1621年创作的《忧郁的解剖》是分析引发抑郁症的社会原因的早期著作。1895年，奥地利心理学家西格蒙德·弗洛伊德开创了精神分析学，首次将抑郁症与精神分裂症区分开来。1924年，德国人路易斯·莱温对影响精神状态的药物和植物进行了分类。20世纪30年代开始有了痉挛疗法，这种疗法需要同时使用药物和电击。现代医学对抑郁症的药物治疗始于1949年锂的使用，1986年开始广泛使用氟西汀（百忧解）。

血压

所谓的"硬脉病"（即在脉搏跳动中可以检测到的高血压）的记载，最早可以追溯到公元前3千纪中期中国的黄帝时代。第一种治疗方法由希波克拉底等人提出，它十分简单：通过打开静脉或者让水蛭帮忙，使病人流出一些血液。这是相当粗糙的方法，而且直到1733年才能准确地测量血压。到18世纪末，英国医生威廉·威瑟林（1741—1799年）发现了洋地黄（毛地黄）对心脏和循环系统疾病的治疗作用。下一项重要的"第一"是弗雷德里克·阿克巴·穆罕默德使用了一种新的血压仪（1854年由德国人发明，作为第一款非侵入式脉搏/血压测量装置），证明了高血压不一定与肾脏疾病有关。1896年，意大利医生希皮奥内·里瓦罗西发明了现代的袖口式血压测量仪——血压计。又过了50年，1957年，英国或美国才出现了人体能接受的口服利尿降压剂——氯噻嗪。此外，英国人詹姆斯·布莱克在1964年合成了普萘洛尔和丙萘洛尔（β-受体阻滞药）。1959年，氢氯噻嗪（一种新型的降血压的利尿剂）问世。1990年，苯磺酸氨氯地平（活络喜，通过扩大动脉来降低血压）上市销售。

消炎

在诸多药物中，最早的消炎药有香桃木和柳树皮，它们都含有水杨酸。使用消炎药的历史可以追溯到古代，最早的文字记载来自苏美尔（约公元前2500年，今伊拉克）。在近代，阿司匹林一直在抗感染领域占据统治地位，直到20世纪50年代非甾体抗炎药问世。吲哚美辛（消炎痛）于1965年出现；布洛芬于1969年上市，相比阿司匹林，它更为安全；萘普生于1976年问世。

类固醇

无论真假与否，没有什么比精彩的故事传播得更快了。这里有一个令人惊讶的例子，它是关于古希腊运动员的饮食的。他们食用富含睾丸素的公羊或公牛的睾丸，以提高运动成绩，某些版本的描述甚至是"咀嚼、生吃"。但这完全是虚构的，这是一篇来自古代世界的假新闻。1849年，德国科学家阿诺德·阿道夫·贝托德首次可靠地证实了人体内化学信息物质的存在。1902年，英国生理学家欧内斯特·斯塔林和威廉·贝利斯首次发现了这一类的化学物质：分泌素。3年后，他们创造了"荷尔蒙"一词。20世纪20年代到30年代，科学家发现和分离了类固醇激素。1935年，睾丸素（主要的男性性激素）于一年内在实验室里被发现并完成再造，成为第一种合成代谢类固醇。1937年，人们开始了以治疗为目的的实验，给人体注射合成类固醇，最初用来治疗抑郁症。运动员使用合成类固醇以提高成绩的第一个案例发生在1954年，是俄罗斯举重运动员。从1974年起，人们可以对人体内是否含有类固醇进行可靠的检验。1976年，国际奥委会宣布运动员使用类固醇为非法。

药店和处方

在古巴比伦国王汉穆拉比时代（约公元前1792—约前1750年），药品商人聚集在西巴尔城的某条街上，这是最早的药店。据我们所知，第一张手写的

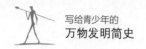
处方更为古老，它被刻在一张公元前2100年左右的美索不达米亚的泥板上。在公元前1400年左右的埃及古墓的墙上有一幅药房的图片。在古希腊剧作家阿里斯托芬生活的时代（约公元前446—前386年），还有我们需要特别提到的一种药剂师——他们是在街头吆喝贩卖药品的小贩。国家对药店的监管始于9世纪的巴格达。1240年，神圣罗马帝国皇帝腓特烈二世规定将职业医生和职业药剂师区分开。中世纪的威尼斯第一个要求公开药用制剂的成分。英国化学家约翰·布特在1849年创办了自己的医药公司，这是第一家连锁药店的雏形。

一位古老的药剂师，1651 年

烟草

3400年前，墨西哥人开始种植烟草。但毫无疑问的是，在很早之前，人们就开始咀嚼野生的烟草或者吸入烟草燃烧的烟雾了。最早的烟斗有超过5000年的历史，是在美国密西西比河流域的墓葬中发现的。最古老的水烟斗（或者水烟袋，据说是用来吸食大麻或鸦片的）是在俄罗斯发现的。1528年的一艘西班牙船将烟草从美洲运往了世界各地。不久之后，巴多罗梅·德·拉斯·卡萨斯（约1484—1566年）记录了烟草的成瘾特性。1559年，法国人约翰·尼科（"尼古丁"一词就来自他的名字"Nicot"）把这种"神圣的药草"带到了法国，在那里，它的药用和放松功效受到了热烈的好评。英国国王詹姆斯一世对此不太赞成，他发布了著名的《坚决抵制烟草》，第一次对吸烟的危害做出了书面警告。

美洲土著居民印第安人用干燥的烟叶卷起了第一支雪茄，最早的香烟就是用芦苇或树的叶子卷起来的。17世纪末，欧洲人开始抽自己卷的香烟。1848年，墨西哥人胡安·内波穆塞诺·阿多诺发明了制烟机，随后，吸烟在世界范围内逐渐推广开来。香烟的烟雾蔓延的地方，都带来了滚滚财源，抽烟也渐渐成为时尚，流行起来。1823年，德国人制造了第一个打火机；1828年，英国人制造了第一根摩擦火柴；16年后，瑞典人对摩擦火柴进行了改进，发明了安全火柴。1881年，美国人制造出一台每天可生产数千支香烟的机器之后，工业化生产的香烟开始成包地销售。各种香烟盒同时流行起来。不过"烟灰缸"这个词要到1926年才出现，而在此之前的一年，过滤嘴香烟已经开始出售了。

早在1912年，美国医生艾萨克·阿德勒就对肺癌和吸烟之间的关系进行了开创性的研究。纳粹德国的医生支持阿德勒的结论，这对纳粹政权来说是一个罕见的正面信息。阿德勒的结论在很大程度上遭到了忽视，直到英国生理学家理查德·多尔在1948年发表了他的研究，将吸烟与有害健康联系起来，医学界

才开始认真对待这个问题。

第一项有记录的禁烟令是俄罗斯在1634年颁布的。第一个在公共场所禁烟的国家是纳粹德国。世界上的其他地区跟进得很慢。1965年，英国禁止在电视上播放香烟广告，美国要求在香烟的包装上印上"吸烟有害健康"的警告。美国的阿斯彭市是第一个禁止在餐厅吸烟的城市（1985年），爱尔兰是第一个在工作场所全面禁烟的国家（2004年）。2010年，不丹成为第一个完全禁止烟草的国家。

自从大家明确了吸烟的害处，科学家们就开始设计帮助吸烟者戒烟的产品。他们的工作聚焦在两个方面：一是寻找其他方式提供使人上瘾的尼古丁；二是研究如何满足吸食的快感。

1971年，瑞典率先推出了尼古丁口香糖，并于1978年在瑞士、1980年在英国、1984年在美国上市销售。该产品满足了吸烟者对尼古丁的需求，并且在一定程度上满足了他们对口腔舒适的需求。尼古丁贴片（1991年上市）、鼻喷雾剂（1994年）、吸入器（1996年）和舌下含片（1999年）都能在一定程度上满足吸烟者对尼古丁的需求，这些均于瑞典上市销售。1963年，美国人赫伯特·A.吉尔伯特发明了电子烟。电子烟满足了吸烟者吸食某种东西的欲望，但它蒸发的"烟"不能满足吸烟者对尼古丁的需求，所以电子烟失败了。40年后，中国人韩力制造了一种释放尼古丁的电子烟，或者说叫"电子水烟"，弥补了电子烟原有的缺点。新型电子烟很快以多种不同的形式在全球推广开来。

可卡因

用英国哲学家霍布斯的话来说，人们很早就意识到了生命是"可恶的、残忍的、短暂的"。智人试图通过服用能使人脱离现实的药物来减轻生命的痛苦。南美人喜欢咀嚼古柯树叶，据说这个习惯已经有几千年的历史了，但是最早的文献资料是关于15世纪的印加儿童的木乃伊的，这些儿童在被献祭给神之前会通过咀嚼古柯树叶来减轻痛苦。在接下来的16世纪，西班牙侵略者不仅参与药品交易，而且还通过对药品征税来赚钱。不久之后，人们首次倡导在医疗上使用古柯，特别是在治疗腐烂伤口的时候。1855年，德国化学家弗里德里希·歌得克从古柯中分离出了有效的生物碱。1860年，另一个德国人艾伯特·尼曼在攻读博士学位的时候研究了生物碱，并想出了"可卡因"这个名字（来自古柯植物）。很快，可卡因随处可见：在香烟中、在可口可乐的原始配方中，甚至在教皇利奥十三世携带的酒瓶中。由于其极易成瘾的特性，限制麻醉药品的生产和销售的《巴黎公约》首次在全球范围内禁用了可卡因。

圣马丁的胃

1648年，荷兰科学家扬·巴普蒂斯特·范·海尔蒙特第一个将消化描述为一种化学过程。直到1822年，美国陆军的外科医生威廉·博蒙特治疗加拿大皮草商人亚历克西斯·圣马丁的时候，才证明了这一理论。在遭到一次意外枪击后，这个商人的胃开了个大口子。博蒙特把一些食物绑在一根绳子上，塞进病人的胃里，再把食物取出来，观察它们被消化了多少。显而易见，圣马丁因为被当作试验品而感到恼火，他跑回了加拿大。博蒙特把圣马丁劝了回来，继续他的工作。他用从圣马丁的胃里取出的一杯胃酸，在人体外证明了食物是如何被"消化"的。"胃生理学之父"博蒙特在 1838 年发表了他的研究成果。圣马丁回到了加拿大，于 1880 年去世，享年 78 岁。

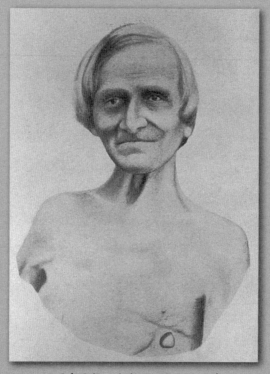

亚历克西斯·圣马丁，绘于 1912 年

哈尔斯的马

在离开剑桥之后，才华横溢的牧师斯蒂芬·哈尔斯（1677—1761年）在英国米德尔塞克斯郡的特丁顿——他的教区，进行了多项重要的科学实验。其中最有意义的一项实验是将一根黄铜管插入马的动脉。铜管连着一根 9 英尺长的玻璃管，垂直固定。当动脉上的夹子被打开，血液被泵入玻璃管，其高度上升到 8 英尺左右，加上可变化的英寸读数——这就是第一次血压测量。血液的高度随着心脏的每一次跳动在2—4 英寸之间波动。顺便提一下，根据现代标度，马的收缩压是 185 毫米汞柱，马和人的收缩压都比较高。

精神健康

精神失常

8500年前，我们的祖先在病人的头骨上钻孔。这表明，精神疾病一直伴随着人类。据说，钻孔（开孔）是第一种已知的治疗精神失常的方法，用来

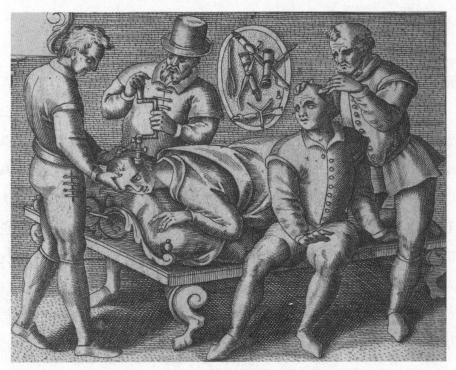

开孔——一种治疗精神疾病既野蛮又痛苦的方法

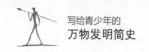

释放扰乱患者大脑的邪恶灵魂。最早关于精神疾病的资料来自公元前2700年左右的中国，它解释了生理和心理疾病似乎都源于阴阳这两种互补力量之间的失衡。在所有关于"疯魔"、邪灵等的胡言乱语中，古代世界的两位思想家脱颖而出。希波克拉底是第一位对包括偏执和抑郁症在内的精神疾病进行科学分类的人。另一位希腊人阿斯克莱皮亚德斯（约公元前124—前40年）开辟了新领域，他提倡人道地对待精神病人，与他们心平气和地交谈，并抚慰他们。阿雷提乌斯（公元1世纪）将患者的生理变化和心理变化结合起来，为身心医学指明了方向。随后，启蒙的火炬传到了中东。872年，艾哈迈德·伊本·图伦在开罗建造了可能是世界上第一所精神病院。波斯博学家阿布·贝克尔·穆罕默德·伊本·宰凯里亚·阿尔拉齐最早将大脑视为精神疾病的病灶所在。他在巴格达工作，作为精神病区的主任，他开创了心理治疗的先河。另一位波斯人阿布·扎伊德·阿尔巴勒希（850—934年）开展了早期的认知疗法。

精神治疗

将精神病患者关进精神病院的做法，似乎可以追溯到中世纪。建于公元651年的巴黎神舍医院是最早给精神病人设立特殊囚室的地方之一。在英国，直到1774年《疯人院法》颁布，精神病治疗机构才受到全面监管。从大约1790年起，人们对精神病患者的态度发生了重大变化，开始将其视为可以治愈的病人，尤其是法国人菲利普·皮内尔（1745—1826年）的研究工作改变了人们对精神病人的看法，他是"现代精神病学之父"，第一次记录了精神分裂症（1809年）。其他类型的精神病也依次得到记录：偏执狂（1810年）、嗜酒癖（1829年）和偷窃癖（1830年）。1886年在德国出版的理查德·弗莱赫·冯·克拉夫特-埃宾创作的《性心理疾病》（该书用拉丁文编写，是为了让寻求刺激的外行读者望而却步）首次对性心理学作了全面分析，书中给出了一些术语，如施虐狂、受虐狂、同性恋（当时被视为一种疾病）、恋尸癖和舐肛。西格蒙德·弗洛伊德提出了"精神分析学"的概念，1896年这个词首次在出版物中出现。1913年左右，科学家首次在书面上对精神病（严重的精神障碍）和神经症（相对温和的状况）做了区分。美国精神病学协会所著的广受推崇的《精神疾病诊断与统计手册》在1952年首次出版，1975年"同性恋"从该手册的精神疾病名单中被删除。自1980年以来，"双相情感障碍"一词在很大程度上替代了"躁郁症"。关于精神药品的内容在前文已经出现过了，最后的这一部分留给匈牙利裔美籍学者托马斯·萨斯。他第一个宣称我们所谓的"精神疾病"实际上并不是临床疾病，简而言之，它只是我们在生活中遇到的问题（《精神疾病的神话》，1961年）。

休克疗法

1919年，人们首次尝试发热疗法，通过故意让患者患上疟疾来治疗由三期梅毒引起的瘫痪。20世纪20年代，当其他的疗法已经失败，或者只产生了短暂的效果时，医生们尝试用休克疗法来打破病人的意识，从而使他们从精神痛苦中解脱。胰岛素休克疗法始于1927年，奥地利裔美籍精神病学家曼弗雷德·萨克尔给病人注射了大量胰岛素，让他们陷入昏迷。更引人注目的是1938年发明的电休克疗法，高达460伏的电流穿过病人的大脑；以及脑叶切开术（切断大脑的额叶），于1935年首次实施。14年后，脑叶切开术的先驱，葡萄牙外科医生埃加斯·莫尼兹被授予诺贝尔医学奖。这项手术已经不再开展，于是有人要求撤销莫尼兹的诺贝尔奖。

外　科

无麻醉手术

在文明出现之初，人类就已经相互做一些"手术"了。据说包皮环切术（割礼）是最古老的外科手术，已经有15000多年的历史了，一开始可能是为了标记战败的敌人的低下地位。公元前2400年左右，古埃及的图画记录了包皮环切术，但是据说太阳神拉在此之前很久就给自己做了割礼。出自法国洞穴的7000多年前的人类骨架表明，人类早在石器时代就完成了最早的脑部开孔和截肢手术。公元前1754年颁布的苏美尔人的《汉穆拉比法典》提到了肿瘤手术。到公元200年，罗马—希腊地区完成了治疗乳腺癌的乳房切除手术。最早关于剖宫产的记载来自中国和波斯，它们都可以追溯到公元前1000年左右；更可靠的说法是在公元前320年，印度皇帝宾杜萨拉是通过剖宫产出生的。学者们不确定"剖宫产"一词的由来，古罗马的恺撒大帝是否真的是从他母亲剖开的子宫里生出来的。古希腊医生希波克拉底最早证明了取石术（通过手术切除膀胱和肾脏等器官中的结石）是可行的。另一位古希腊的医学先驱盖伦主张用羊肠线缝合外科医生手术留下的伤口。1735年，在伦敦的圣乔治医院，法国外科医生克劳迪乌斯·艾米安成功完成了第一例阑尾切除术。

安全手术

19世纪中期，随着无痛手术和抗菌手术的先后出现，以前经常死在手术台上的病人终于能够被外科医生治好了。1879年，英国医生成功进行了第一例脑瘤切除手术；1880年，德国医生成功进行了第一例甲状腺切除手术；1883年，英国医生成功进行了第一例输卵管切除手术；1895年，德国医生成功进行了心脏手术；30年后，英国成功进行了体外循环心脏手术。在外科手术的历史上，尽管扁桃体切除术的记录可以追溯到公元前1世纪，而且当时是作为尿床的一种治疗方法，后来人们发明了许多设备来做外科手术，但直到1909年，外科手术才在美国首次被认可为一种安全的医疗手段。1961年5月，南极探险家、俄罗斯人列昂尼德·罗格佐夫成为第一个成功切除了自己阑尾的人（像外科手术那样切除自己的阑尾）。可以理解，他感到虚弱和恶心，尽管如此，他还是将自己腐烂的阑尾切除了，并在短短两个小时内缝合了伤口。心脏搭桥手术于1967年在美国完成，这是外科手术史上的突破性进步。1995年美国医生首次成功分离了连颅双胞胎（头部连在一起）。

绝育手术

早在麦克白夫人（莎士比亚戏剧《麦克白》中的人物）请求"注视着世俗的鬼神"将她从女性的性别中解放出来，好让她轻松地实施谋杀之前，人们就一直采取粗暴、残酷的手术来阻止性交和受孕。阉割（切除阴茎和睾丸）至少可以追溯到公元前1千纪的中东地区和中国，最早有记载的是公元前21世纪的苏美尔。公元7世纪，拜占庭的医生、来自埃伊纳的保罗第一个对阉割做了医学上的记录。女性割礼（女性生殖器切割或阴部扣锁术）可能起源于埃及法老时代的非洲东北部。埃及出土了一具公元前5世纪的阴部扣锁的女性木乃伊。通过输卵管结扎使女性不孕的记录最早出现在1881年的美国，1930年引入的一种方法使输卵管结扎变得相对安全和有效。

替换和移植

公元前300年左右，中国人就留下了关于心脏移植的记录，但是除去木制假肢，现代的移植手术要追溯到20世纪下半叶。在此之前，移植的主要发展是

1508年用铁做成了第一对可移动的义手，德国雇佣兵古兹·冯·伯利辛根将它戴在手上。1536年左右，法国军医安勃拉·巴雷制作了第一具关节假肢。1890年，德国外科医生泰米斯托克利斯·格卢克用象牙和镍给病人植入了第一件人工膝盖；第二年，他进一步制造了第一件人造髋关节。两年后，法国外科医生朱尔斯-埃米尔·皮安给病人安装了第一件人工肩关节。随着更坚固、几乎无摩擦的材料的出现，义肢的进步到来了。

成功的器官移植手术始于1954年，美国医生完成了同卵双胞胎之间的肾脏移植。13年后，在美国，克服移植组织排异反应的技术使第一例肝脏移植成为可能。最引人注目的第一例心脏移植手术由南非外科医生克里斯蒂安·巴纳德在1967年完成。他的病人接受了一名25岁女性的心脏，存活了两个星期多一点。首例心肺移植手术于1968年在美国完成。到了21世纪，移植手术逐渐成为常态，外科医生开始转向更为复杂的手术。

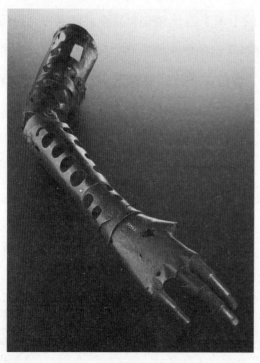

一只铰接的人造右臂，1501—1550 年

2010年：第一例全脸移植手术（西班牙）；

2011年：第一例成功的双腿移植手术（西班牙）；第一例成功的子宫移植手术（土耳其）；第一例手移植手术（英国）；第一例双臂移植手术（美国）；

2014年：第一例阴茎移植手术（南非）；

2015年：第一例颅骨和头皮移植手术（美国）。

医学中的女性

在古埃及，女性取得医学上开创性的成果之后，19世纪前任何女性都不可能接受严谨、科学的医学教育。唯一的例外是希腊医生米特朵拉（生活在约200—400年），她是第一个写作医学论文的女性。7世纪的医务工作者鲁法伊达·阿斯拉米亚是第一位穆斯林女护士。博洛尼亚大学的意大利知识分子多洛蒂·布卡（1360—1436年）是第一位在大学教授医学的女性。1848年，美国波士顿的新英格兰女子医学院成立，这是世界上第一所女子医学院。次年，出生在英国的伊丽莎白·布莱克威尔成为现代第一位从日内瓦医学院（现为美国霍巴特学院）毕业的女性。著名的护士、英国人弗罗伦斯·南丁格尔在1860年创办了第一所现代护理学校。大约在1862年，美国人玛丽·爱德华兹·沃克进入联邦军队成为外科医生，她很可能是第一个公开担任这一职位的女性。俄罗斯的第一位女军医薇拉·格德罗茨（1870—1932年）后来成为世界上第一位女性外科学教授。其他引人注目的"第一次"包括：第一位非裔美国籍女医生，丽贝卡·李·克拉姆勒，她于1864年毕业；第一位获得医学学位的印度女性，阿南迪巴伊·乔希，她于1886年毕业；中国第一所女子医学院——广州夏葛女子医学院在1902年成立；第一位土耳其女医生萨菲耶·阿里，她从1922年起执业；第一位获得医生资格的西非女性艾格尼丝·萨维奇，她于1929年从爱丁堡大学毕业。

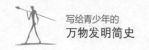

美容医学的开端

大约3000年前的印度教文献描述了通过植皮来修复那些因偷窃或通奸而受刑，以至面部残缺不全的人的容貌。最早的关于纯粹的整容手术（鼻整形术或"隆鼻"，及修整耳垂）的文字资料出现在梵文的《妙闻集》中，这是印度圣人苏斯拉他的文集（约公元前600年）。2000年后，加斯帕雷·塔利亚科齐（1546—1599年）写了第一本整形外科的教材——《植入手术纠正缺陷》，这本书是写给理发师医生的（在那个时代，外科手术通常不是由医生来做，而是由理发师来做），他们试图修复因为战争、打斗或者梅毒而毁容的人的脸。1845年，第一本关于鼻整形术的专著出版了。19世纪80年代，美国人约翰·罗伊开创了不会留下疤痕的鼻整形术。最早使用苯酚溶液进行化学换肤是在1871年。第一次世界大战推进了几项整容手术创新。1917年，新西兰人哈罗德·吉利斯的工作为现代整形手术铺平了道路。美国艺术家安娜·莱德精心制作的极薄的镀锌铜，为严重伤残的老兵创造了新面孔，从而发展了整形学。

整形手术

从19世纪后期开始，摄影的繁荣带来了美容医学的疾速发展。1893年，自体脂肪（来自同一个人）首次被用作填充物，石蜡的使用则在其不久之后。1898年左右，德国外科医生维森·切尔尼在病人接受癌症治疗之后，给她做了一台隆胸手术。最早的面部除皱发生在1912年。第二次世界大战后，人们对美的需求逐步提高，为了满足这种需求，增加了如下这些项目：植发（1952年）、硅胶乳房植入（1961—1962年）、皮肤激光手术（1965年）、抽脂（1977年）、胃束带（1977年）、面部填充（1981年）、乳房缩小术（20世纪80年代早期）、肉毒杆菌（1992年左右）、激光脱毛（1996年）、处女膜修补术和肛门漂白（2000年左右）以及其他奇异的做法。

藏在衬衫之下

现代第一位女外科医生很可能是瑞士医生恩瑞奎塔·法维兹。1791年左右，法维兹在没有正式登记的情况下在瑞士出生。15 岁那年，她嫁给了一个叔叔。3 年后，她成了寡妇。乔装成男人后，法维兹在巴黎大学学习，并获得了行医资格，之后加入法国军队当军医，直到在拿破仑战争中被英国军队俘虏。获释后，她前往古巴，在那里（依旧作为一个男人）娶了一个女人，并从事外科医生的工作。一个爱管闲事的仆人发现她的主人喝醉了，替她解开衬衫，从而揭露了她的真实身份。随后，她入狱并两次试图自杀。足智多谋的法维兹后来逃到了新奥尔良，她在那里加入了一个修女团体。直到 1865 年法维兹去世前，她一直是修女团体的院长。

医疗硬件

粗糙且痛苦的原始工具

最早的医疗器械无疑是日常工具，比如用于医疗的刀。从亚历山大大帝的时代起（公元前356—前323年），就有外科医生使用剑进行手术的记载。公元前3000年左右，古埃及人发明了镊子、用于固定开放切口的牵开器；公元前2100年左右，土耳其人发明了黑曜石制成的手术刀，它们很有可能就是最早的三种专门为医疗创造的器械。我们不得不等到1915年才有了第一把一次性手术刀，直到1964年才有了激光手术刀。人们用木管和植物杆充当导管。到了罗马时代（约前500—约400年），出现了各种各样的金属钩子、钉子、钻头和镊

子，以及最早的男性导尿管和女性导尿管（S型和直型）。进一步的医疗检查需要借助凸面放大镜（罗杰·培根发明，1250年，英国）。第一辆救护车可能是盎格鲁-撒克逊人的吊床车（约900年），不过更有说服力的是1793年起，特别为法国大革命中的军队发明的车辆。产钳可能是彼得·张伯伦（约1560—1631年）设计的，他是住在英国的一名法国胡格诺教派的难民。1752年，美国科学家本杰明·富兰克林制造了第一根可弯曲的导尿管，来帮助他患有膀胱结石的弟弟。近代最后一个重要的医学仪器是听诊器，在1816年左右由法国医生雷纳·雷奈克发明。有了它，雷奈克才能够检查一个肥胖的女病人，因为当他把耳朵放在这位女病人丰满的胸部时，难以听出她的心跳。

前沿医疗技术

1851年，荷兰外科医生安东尼厄斯·马泰森发明了筒形石膏夹；20世纪70年代起，人们开始使用一种可以替代石膏的新材料：玻璃纤维。1895年，德国物理学家威廉·伦琴发现了令人震惊的X射线，次年拍摄了第一张手部的X光片。这一做法几乎立即被投入医疗。此后，更多的发明接踵而至：1903年荷兰人发明的心电图、1908年匈牙利人发明的外科吻合器、1910年瑞典人发明的人体腹腔镜。德国精神病学家汉斯·伯格在1924年制作了第一例人类的脑电图。澳大利亚麻醉师马克·利德威尔在1926年发明了心脏起搏器，并且用它在悉尼的一家医院挽救了一名新生儿的生命。美国人在1959年制造出了便携式起搏器。在第二次世界大战中，荷兰被德国占领期间，1943年，荷兰医生威廉·科尔夫利用锡罐和洗衣机的碎片，制造了世界上第一台肾脏透析机。可以理解，原型机并不是很好用，直到第二次世界大战后才出现了好用的透析机。

医疗扫描和机器人

1947年，美国俄亥俄州第一次成功地用心脏除颤重新启动了一个14岁男孩的心脏。5年后，穿孔卡被用来自动关联数据以帮助诊断。同年，美国通用汽车公司制造了第一个机械心脏。1957年的圣诞节，医生们使用光纤内窥镜检查了病人的身体内部。第二年，胎儿超声扫描仪到来了，产生了另一种观察体表之下情况的方法。接下来是心脏和循环医学的新发明：1961年，机械置换心脏瓣膜和球囊取栓导管清除血栓；1962年，从死人身上获取材料来进行瓣膜置换；1963年，左心室辅助装置（人工心脏）被安装在一个病人身上。第一台商用CT扫描仪出现在1971年，核磁共振扫描仪出现在1977年。20世纪80年代，出现了机器人辅助手术（1983年）；20世纪90年代，科学家宣布干细胞疗法（1998年）的到来；在新千年的第一年，科学家证实了使用机器人系统进行远程手术是可行的。一种治疗糖尿病患者的人工胰腺系统于2017年上市。

血 液

血细胞、血型和输血

显微镜的发明使荷兰博物学家扬·斯瓦默丹在1658年成为第一个发现红细胞的人。近两个世纪后，1841年，复合显微镜让英国医生乔治·格列佛看到并画出了血小板。也有其他资料表明血小板的正式发现应归功于1842年的法国人阿尔弗雷德·多恩。直到1910年人们才开始使用"血小板"一词。1843年，法国科学家加布里埃尔·安德拉尔和英国科学家威廉·艾迪生最早观察到白细胞（白血球），显然，他们是同时观察到的，这一发现建立了血液学。德国籍犹太人保罗·埃尔利希（他还在1910年发现了治愈梅毒的方

法）在1879年迈出了血液学历史上重要的一步，他用组织染色来识别不同类型的血细胞。

血型（一开始是A型、B型和O型）最早是奥地利科学家卡尔·兰德斯坦纳在1900年发现的。1902年，他团队的两名成员，意大利人阿德里亚诺·斯特利和阿尔弗雷德·冯·迪卡斯特洛发现了AB型血。人们在1939年发现了Rh血型系统，但没有命名，而后在第二年区分了Rh阳性和Rh阴性。1967年，一种Rh免疫球蛋白问世，它被用于预防Rh阴性血型的妇女所生婴儿Rh血液疾病的发生。

血液是生命的本质。由于宗教和其他原因，长期以来人们对血液的认知带着迷信的敬畏。因此，我们不得不等到近代早期才有了第一次输血。第一次有可靠记录的输血由理查德·洛于1665年在英国完成，他在两只狗之间输血。随后出现的是动物和人之间的输血。记录中第一次人与人之间的输血发生在1818年，由英国产科医生詹姆斯·布伦德尔完成。不过也有人认为，早在1795年的美国费城，菲利普·塞恩·菲齐克已经进行了人与人之间的输血。第一次全血输血发生在1840年的英国，然而这一手段时而成功，时而失败，直到血型的发现。有了1914年发明的抗凝血剂（特别是柠檬酸钠）及1916年制造出的柠檬酸—葡萄糖，血液才可以在体外储存更长的时间。献血始于1921年。1926年，英国红十字会建立了世界上第一家献血服务机构。5年后，苏联建立了第一家血库。1950年，美国率先使用塑料袋采血。

血友病

我们现在所知的血友病最早记录是在一份公元2世纪的犹太文献中。该文献中写道，如果男孩有两个哥哥在割礼的手术后因失血过多而死，则免除这个男孩的割礼。第一次记录这种情况的医生是宰赫拉威（约936—1013年），他是一位来自西班牙科尔多瓦的阿拉伯医生。血友病的遗传性质最早由美国医生约翰·奥托在1803年分析得出，而术语"血友病"（最初指"出血"）要追溯到1828年。1937年，美国科学家发现了一种抗血友病的血球蛋白。首个注意到血友病的真实复杂性的是一位阿根廷医生，他于1947年区分了A型血友病和B型血友病。美国斯坦福大学的朱迪斯·普尔在1964年发现冷凝蛋白是一种有效的、可储存的抗血友病因子。

羊羔血

让-巴蒂斯特·德尼（1643—1704年）是法国"太阳王"路易十四的私人医师，他对血液情有独钟。他相信，给病人输入健康动物的血，他们就可以痊愈。德尼最初的两项实验进展顺利：一个男孩和一个男人都在输入了几盎司的羊血后奇迹般地康复了。但是第三次和第四次手术就不那么成功了。最早死亡的是瑞典男爵安托万·莫理，在1667年末的第四例手术中，男爵的病情急转直下，他是一个34岁的可怜的疯子，德尼抓住了他，多次给他输羊羔血。佩林·莫理在安托万神志清醒的时候嫁给了他，她将这个不顾后果的医生告上了法庭，指责他谋杀。德尼被判无罪，但立即放弃行医。两年后，输血在法国遭到禁止。

疫苗接种、艾滋病和埃博拉病毒

疫苗接种

希腊历史学家修昔底德（大约公元前460—前400年）注意到没有人会得两次天花，于是他第一个记述了我们现在所说的"免疫"的现象。修昔底德指

出，一次感染可以刺激免疫系统抵御更恶性的感染。有一些存疑的资料表明，
10世纪的中国人首次尝试了天花接种（通过主动感染天花来预防天花）。更可
靠的关于天花接种的证据同样来自中国，是在1549年。18世纪末，天花接种传
到了印度、土耳其、欧洲和美洲。真正的疫苗接种要到1797年，英国科学家爱
德华·詹纳让它广为人知，他发现主动感染温和的牛痘可以预防致命的天花。
在接下来的一个世纪里，路易斯·巴斯德在1891年创造了"接种"一词，并开
发了炭疽疫苗（1881年）和狂犬病疫苗（1885年）。

　　从那时起，科学家研制出了许多疫苗，包括霍乱（1892年）、伤寒（1896
年）、肺结核（卡介苗，1921年）、脑膜炎（1978年）和易混淆的四痘混合疫
苗（麻疹、腮腺炎、风疹和水痘，2005年）。

路易斯·巴斯德（1822—1895
年），微生物学家和化学家

艾滋病和埃博拉病毒

现在认为，人类免疫缺陷病毒（Human Immunodeficiency Virus，HIV）是在1910年左右由猴子传染给人类的。1959年，刚果出现了首例有记载的人体感染HIV的病例。1982年，人们首次使用"艾滋病"（获得性免疫缺陷综合征）一词。在当时，人们认为艾滋病是一种传染病，不久后它成为全球性的流行病。第二年，法国科学家发现了相应的病毒。1986年，国际社会认可了"HIV"这个术语。1997年，美国开始使用抗转录病毒药治疗艾滋病，这种治疗有效却昂贵。

1976年，人们在非洲发现了埃博拉病毒；非洲以外的首例埃博拉病毒感染的报告于2014年出现在西班牙。

视觉和听觉

眼镜

据说，古埃及的埃伯斯纸草文稿（约公元前1500年）是第一部讨论眼疾的著作。古希腊哲学家、医生以弗所的鲁弗斯（公元1世纪）和盖伦对眼睛结构给出了相当精确的描述。辅助阅读的眼镜（凸透镜）据说可以追溯到13世纪的意大利，意大利人在1289年第一次明确地在文献中提到它。我们所知道的第一个因近视眼镜（凹透镜）而受益的人是教皇利奥十世（1517年）。架在耳朵上的眼镜出现在1727年；1752年，人们首次在眼镜上添加铰链；双光眼镜要追溯到1785年左右的美国。其他对眼镜的改进包括法国人在1959年发明的变焦透镜和1965年发明的带有光致变色镜片的眼镜。防刺眼阳光的眼镜于12世纪首次出现在中国。1913年，英国制造了阻挡紫外线的镜片。便宜的胶片"墨镜"出现在1929年，宝丽来镜片出现在1936年（都来自美国）。

眼科治疗和隐形眼镜

1804年，约翰·坎宁安·桑德斯在英国伦敦创建了世界上第一家眼科医院，就是现在的摩菲眼科医院。视网膜脱落于次年首次得到确诊。1862年，人们发明了一种测量视力的图表——斯内伦视力表，美式的说法是"绝好的视力"（能够在20英尺，即6米的距离外读出一行字母）。隐形眼镜始于1887年左右的德国或瑞士，人们先是发明了一种实用镜片，接着是1964年发明的软性隐形眼镜片、1982年发明的双焦隐形眼镜片和1987年发明的一次性隐形眼镜片。1916年，德国成为第一个为盲人训练导盲犬的国家。1949年，有人提出了视网膜的光凝修复术；美国医生在1987年进行了第一台眼科激光手术。在撰写本文时（2019年），许多科学家已经开发出了"仿生眼"的原型（一种连接大脑的电子设备），盲人用它能够看到东西。

听力

在许多领域，古埃及的埃伯斯纸草文稿都具有开创性，它可能是最早探讨失聪的文献。13世纪，人们使用中空的牛角助听；18世纪，有人专门制造了喇叭。不过它们对耳聋几乎没什么帮助。直到1898年，美国出现了电子助听器，它非常昂贵，而且佩戴起来太不方便了。到1935年，美国才有了佩戴式助听器。虽然亚历山大·格雷厄姆·贝尔的名气主要来自发明电话，他也在1879年发明了第一台听度计，以测量人的听力。而直到20年后，才有了第一台切实可用的听度计。随着晶体管装置于1952年诞生，助听技术实现了革命性的进步，1987年数字助听器上市了。耳背式助听器在1989年开始销售，耳内式助听器则在2010年后面世。

1620年，西班牙牧师、教育家胡安·巴勃罗·波内特发明了手语。1966年，美国教授R.奥林·科内特发明了暗示法，这是一种合并了手语和唇读的现代方法，可以替代手语。

牙 科

原始的牙医

石器时代的先民们曾进行过某种形式的牙医工作。"张开一点，让我看看"，这句话最早可能是10多万年前的一个手指灵活的尼安德特人说出来的。不过最早的证据来自公元前12000年左右，意大利出土的一颗粗糙的臼齿。在公元前7000年左右的印度河流域，牙钻出现在哈拉巴文明中。在2500年后的斯洛文尼亚，第一种牙齿的填充物出现了，它是用蜂蜡做的。第一种汞合金填充物（"银膏"）来自中国唐代（约700年）。古埃及人赫斯拉可能是第一个被称为"牙医"的人。他死后不久，公元前2500年左右，古埃及人首次尝试牙齿的引流脓肿。大约在同一时期，苏美尔人做了最早的关于牙科问题及治疗的记录。1530年，德国出版的《牙周病学绪论和解剖生理》是第一本牙科的专门用书，从学术角度而言，它其实是一本完整的医学教科书中的一大段。

至公元前3000年，一些早期文明的人类使用了咀嚼棒（一种打磨了末端的小木棍）来清洁牙齿。1498年，中国出现了第一支用猪鬃做的专门为刷牙制作的牙刷。据说，大约公元前5000年，古埃及人发明了原始的牙膏。假牙和假牙桥（用人和动物的提取物制成）始于公元前7世纪，由意大利北部的伊特拉斯坎人发明使用。

现代牙科

物理学家皮埃尔·费查（1678—1761年）是"现代牙科之父"，在他的一生中，牙科的实践大体还是把龋坏的牙齿拔掉，偶尔用非常不适的假牙代替。

这位来自法国的杰出的牙科先驱，其创作于1728年的两卷本《外科医生》彻底改变了牙科学。他也创造了大量重要的"第一"，包括依靠牙医定期清洁牙齿，发现酸与蛀牙之间的联系（推翻了蛀牙是由虫子引起的古老观念），现代牙医用的牙钻、汞齐以及牙椅上的灯。费查还宣扬新的牙科治疗技术以帮助病人缓解恐惧，比如站在他们脑后，这样病人就看不见了。此后，随着牙科学不断发展，牙科美容出现了。同时，牙科治疗变得相对舒适：第一把现代牙刷（1780年）、第一所口腔学院（巴尔的摩大学的口腔外科学院，1840年）、第一款管装牙膏（1881年）、第一款含氟牙膏（1950年）、第一把电动牙刷（1954年上市）以及第一台高速牙钻（1957年）。

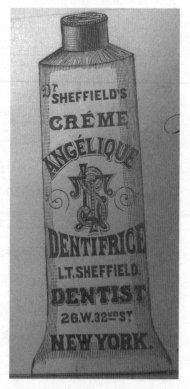

谢菲尔德博士的第一支牙膏——乳白安琪莉可，1881年，美国

节育和月经

避孕

　　无论是人工流产还是将子宫帽插入阴道，最早提出节育的都是公元前3千纪的美索不达米亚和古埃及的文献。最早有书面记载的体外射精（约公元前1400年）是《圣经·创世纪》的第38章中奥南做的。公元前1075年的亚述法典中，第一次出现了以死刑惩罚堕胎。到了19世纪80年代，女性开始置入特制的子宫帽，1909年发明了宫内节育器。经过多年的研究和实验，女性避孕药

在1960年进入市场，1983年出现了植入式避孕药，1984年出现了紧急避孕药，2000年有了一种更加安全的紧急避孕药。

1823年，第一例有记录的输精管结扎术在一只狗身上完成，不久后对男性进行了类似的手术（都在伦敦）。1694年，人们想到用一种真空泵治疗男性勃起功能障碍，这种真空泵最终在1913年获得专利；1996年，更有效的药物——伟哥获得了专利。1832年，美国人查尔斯·诺尔顿出版了《哲学的成果》，这是第一本广泛宣传节育的书。1916年，第一家节育诊所在美国开业。

性、分娩和婴儿

性和无性

尽管同性恋并没有在所有文化中得到接受和认可，但从人类进化之初，它就出现在人类社会中了。你可能会感到惊讶，"同性恋"这个词直到1869年才在德国出现。"性冷淡"一词最早在1830年被使用，"双性恋"在1824年、"变性人"在1949年被使用。1917年，人们创造了"阴阳人"这个词。"gay"在17世纪指放荡的人，从20世纪20年代开始指同性恋（尤其是男同性恋）。1890年，"lesbian"被正式用于代指女性之间的同性之爱。第一例变性手术在丹麦人艾纳尔·马格纳斯·安德里亚斯·韦格的身上完成，1930年他变成女性，并更名为莉莉·艾伯尔。生于1978年的英国人路易丝·乔伊·布朗是第一个试管婴儿（体外受精受孕）。1996年，苏格兰科学家创造的绵羊多莉，是第一只克隆的哺乳动物。

分娩

最早的妇科学、产科学、剖宫产和产钳分娩的相关内容在前面的章节提

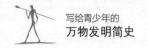

到过。1742年的一份记录记载了第一次用会阴切开术辅助的分娩。1847年，人们第一次使用药物（氯仿）来减轻分娩的痛苦。1921年，西班牙的产科医生对产妇实施了硬膜外麻醉。据说古埃及和南太平洋地区的人们在很久以前就进行水中分娩了，但有文献记载的首例水中分娩来自1805年的法国。

养育婴儿

古埃及人可能在大约3500年前就开创了非母乳喂养，发明了奶瓶。现代的婴儿配方奶要追溯到1867年，并在1915年首次以粉状出现（1805年，法国人首次生产奶粉）。1901年，荷兰开始销售定制婴儿食品。毫无疑问，人们从远古时代起就把东西放进婴儿的嘴里来安抚他们，虽然直到1473年，德国人才在文献中首次提到仿制乳头（或者"奶嘴"）。木制婴儿床的历史和人类文明一样悠久，1630年左右，英国出现了第一张可摇动的铁制婴儿床，它有侧边可以防止婴儿跌落。幼儿玩耍护栏可以追溯到19世纪80年代，婴儿跳跳椅可以追溯到1910年或者更早，婴儿椅始于1961年。第一辆婴儿车（真正的"婴儿车"）是1733年由英国德文郡公爵制造的。两个世纪后，1965年，美国有了铝制的折叠婴儿车。第一张一次性纸尿裤此前提过，与婴儿相关的内容就只剩首个婴儿连身套装品牌"慧宝成长"了，它出现在20世纪50年代的美国。有趣的是，婴儿性别的色码是一件相对新鲜的事：在19世纪后期之前，白色一直都是男婴、女婴的标准颜色；20世纪早期，男婴是粉色，女婴是蓝色；直到20世纪40年代，粉色和蓝色才调转到目前的常态。

4

出 行
GETTING ABOUT

人类文明之初，出于运输和远行的需求，旅行的工具和方式不断地演进，使旅行变得越来越舒适、快捷。与此同时，强大的好奇心也驱使人们去往未知的地方，比如飞行和太空探索。

马和马车

驯服马匹

牛是最早的驮畜（或称驮兽），大约在1万年前，牛就开始为人类服务了。有证据表明，公元前3200年左右，两河流域和东欧地区的人们坐在最早的马车上东奔西走。与此同时，今哈萨克斯坦的居民正在驯养马匹，或作为食物，或作为交通工具。1000年后，俄罗斯车里雅宾斯克州步入了青铜时代，当时的遗址有力地证明了人们将马作为驮畜，还使用了最早的缰绳和嚼子，但还没有马鞍。公元前700年左右，亚述人骑马"像狼趴在地上一样"，并在马背上垫上流苏布。不久之后，亚述人和他们的邻居感受到了使用马鞍的好处。公元前2世纪，印度人发明了马镫。现代的、更安全的马镫能让像圆桌骑士中的兰斯洛特爵士那样有身份的人安全地坐在马鞍上，这种马镫可以追溯到公元300年左右的中国。

车轮和马车

最早的轮子是用来制作陶器的（约公元前3500年）。美索不达米亚或东欧地区的一些天才花了大约300年的时间来观察陶轮的转动，想出了好点子，把两个陶轮连接到一个平面的两侧，做成了一辆马车。虽然不能确定具体发生的时间，但我们可以找到现存最古老的轮子用于交通的实例，是从卢布尔雅那（今斯洛文尼亚）附近的沼泽中发掘出来的。这种灰色的橡木结构的轮子应该有5200年左右的历史。尽管人们在波兰发现了一幅可能是四轮车

的草图，它甚至更古老，不过第一幅无可争议的战车，或者说是用于战斗的双轮敞篷马车的图画是画在一个有着4500年历史的苏美尔的木头盒子上，这个木盒被称为"乌尔军旗"。大约500年后，西伯利亚人首次制造了木辐条车轮；公元前500年左右，凯尔特人第一个加上了铁制轮圈。接下来，公元前1世纪末，古罗马工程师贡献了3个重要的"第一"：金属车轮轴承、弹簧悬架（使用链或皮革）以及转动的前轮轴。古罗马人还发明了用脚操控的刹车。

公元前 2500 年，乌尔军旗上的苏美尔战车

载客马车

一直到19世纪，动物拉的运货车都没有太大的改变。轻便、快捷的载客马车倒是经历了许多变化，我们也可以称它为四轮大马车（coach），得名于15世纪中期，首次制造出这种马车的匈牙利城镇科赫（Koch）。17世纪末，可搭载一到两人的双轮轻马车开始在西欧的街道上飞驰。大约30年后，一种名为"兰道"（landau）的低矮、舒适的双排座活顶四轮马车加入了这一行列，它也得名于首次制造出它的城市——德国的兰道（Landau）。18世纪中期，法国人造出了一匹马拉动的敞篷车，这种车的名字很快被简化为"cab"。1834

年，英国人约瑟夫·汉瑟姆的"汉瑟姆出租车"让单马敞篷车名声大振。单词"cab"如今作为"出租汽车"（taxi cab）继续使用。四轮大马车是双排座活顶四轮马车的缩小版，出现在19世纪初。至此，载客马车已经使用了大约150年的钢弹簧。第一辆公共马车于1610年在苏格兰投入运营，行驶在爱丁堡和利斯之间。第一辆邮政马车从1782年开始在英国的伦敦和布里斯托尔之间往返。1829年，伦敦开创了马拉巴士的服务。

驮兽

公牛作为驮兽长期服役，后来在玻利维亚和秘鲁之间的安第斯山脉中的的的喀喀湖附近有了美洲驼，在古埃及有了驴子。大约6000年前，人们首次将美洲驼和驴用于运输。大约公元前3000年，单峰骆驼开始在阿拉伯南部的干旱地区驮着货物穿行。大约500年后，双峰骆驼也像单峰骆驼那样，开始在波斯（今伊朗）地区运载货物。这个时期，古埃及人用母马和公驴杂交，生产善于负重的骡子，这种杂交在自然状态下已进行了很久。大约公元前2000年，印度人驯服了大象。19世纪，欧洲人造出了"狗车"，可能是由一条或多条狗拉的小车，也可能是一种轻便的马车，用来搭载猎人和他们的猎犬。大约公元前4000年，古埃及最早出现了人抬的轿子。16世纪晚期，法国有了人抬的、封闭的、可租用的轿子。早期文明的人类可能用雪橇搬运重物，然而现存最古老的雪橇是在挪威奥斯伯格的一艘8世纪晚期的船上发现的。

通往汽车的漫漫长路

自推进

意大利天才列奥纳多·达·芬奇在1478年第一个设计了自行式车辆（或者说是汽车）。虽然他的设计比较粗糙，且不容易理解，但现代学者相信他的汽车是由弹簧驱动的（即发条装置）。接下来，1672年左右，出现了蒸汽动力的玩具车，这是一名耶稣会传教士为18岁的中国皇帝康熙设计的。1769年，法国人尼古拉-约瑟夫·居纽制造了一辆军用的三轮蒸汽机车。1801年，英国人科尼什曼·理查德·特雷维希克演示了他那辆名为"蒸汽恶魔"的公路车。1807年，第一辆内燃机（氢燃料）驱动的"汽车"在瑞士诞生，但它并不能真正运行。19世纪30年代，苏格兰人罗伯特·安德森提出了电动汽车的概念。比利时发明家让·约瑟夫·埃蒂安·勒诺尔在1863年设计了一种不需要马拉的车子，它有着最早的、可以商用的内燃机。1870年，勒诺尔在奥地利维也纳又设计了一种有着汽油驱动的内燃机的车子。7年后，德国工程师尼古劳斯·奥托研制出了第一款四冲程发动机。在这些前人的基础上，在1885年的德国，卡尔·本茨制造了第一辆得到普遍承认的现代汽车。

批量生产的汽车

1885年，奔驰公司生产了第一辆三轮汽车。第一款现代的四轮汽车是1886年德国生产的康斯塔特-戴姆勒汽车。1903年，德国生产了60马力的梅赛德斯汽车，它自称"快速旅行车"。但是第一辆跑车（直到第一次世界大战后，人们才正式使用"跑车"这个词）的荣誉通常属于1910年，英国沃克斯豪尔公司生产的3升排量的"亨利王子"。1903年，荷兰世爵公司生产的60马力的汽车采用了四轮驱动。虽然1913年在美国生产的著名的福特T型车是第一款在流水线上生产的汽车，但第一款批量生产的汽车是诞生于1901年美国的奥兹莫比尔牌汽车。早期的汽车都是敞篷车，然后是豪华轿车（车里的乘客和司机分开坐，司机穿着法国利穆赞地区风格的斗篷）。20世纪20年代，美国有了加长豪华轿车。有顶汽车的出现为活动顶篷式汽车（1922年）和有电动伸缩式车顶的汽车（1934年）的诞生铺平了道路。这个时期，市场上的传统汽车出现了许多不寻常的变化：1928年，德国推出了由二冲程发动机驱动的小奇迹P型车；1929年，德国推出了三轮折叠汽车——扎茨卡；不可折叠的三轮汽车是德国的"歌利亚先锋"和英国罗利公司的"安全七号"，两款车都是1931年推出的。

1887 年，卡尔·本茨在驾驶汽车，搭载着他的商业伙伴马克思·罗斯

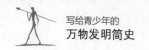
柴油机车的生产始于1933年，法国雪铁龙公司生产的"罗莎莉"。1940年，美国军队的吉普车推出了4×4通用汽车。1957年，德国人首次在汽车上安装了无活塞旋转引擎，或者叫汪克尔引擎。

20世纪90年代出现了原型电动汽车的新浪潮，如通用的"EV1"、本田的"EV Plus"和丰田的"RAV4 EV"。直到2008年才有了第一款可上路行驶的电动汽车：美国特斯拉公司的"流浪者"。1997年，日本丰田推出了普锐斯，这是第一款批量生产的混合动力汽车。

1977年，一间日本的实验室生产了一种无人驾驶汽车；2017年，德国奥迪公司宣称其新款的A8将会成为第一款全自动汽车，但是它的时速仅为60公里。

汽车零件

尽管早在1894年，法国的路上就有安装方向盘的汽车了，但是在接下来的几年里，舵柄（就像船舵）仍然是主流。不易操作的手柄和刹车产生了对安全的保险杠的需求。1901年，英国人最早将保险杠安装到了汽车上。1910年，法国人路易斯·雷诺在德国工程师戈特利布·戴姆勒研究的基础上发明了鼓式刹车，降低了驾驶的危险性。1914年，德裔美国人弗雷德·杜森伯格制造的赛车首次采用了液压制动器。1902年，英国人弗雷德里克·兰切斯特首次在汽车上安装了盘式制动器，但到后来才被广泛应用；1966年，英国汽车"杰森拦截者"首次采用了防抱死制动系统（Antilock Brake System，ABS，发明于1929年的法国）。早期的奔驰汽车采用了差速器。1893年，美国人发明的离合器推动了1894年变速箱的发明（法国）。1901年，美国人用轴传动代替了汽车上的链条。美国凯迪拉克公司在1912年首创了起动马达，1928年首创了同步变速箱。早在1901年，英国的一辆汽车就安装了由发动机供电的车灯，这是一项奢侈的"附加功能"，使汽车的成本增加了一倍。到

1922年，美国雪佛兰的汽车已经使用功率足够大的发动机，可以运行汽车收音机。

安全保障和环境污染

第一起记录在案的机动车致人死亡的交通事故发生在爱尔兰，玛丽·沃德在1869年不幸被一辆蒸汽机车轧死。随着汽车的诞生，伤亡人数迅速上升。1908年发明的凹槽轮胎在安全性上的作用微乎其微。安全玻璃（1909年）和无内胎轮胎（1946年）则起到了一定作用；1937年后，填充座椅、仪表盘也起了一点作用。瑞典萨博汽车公司在1949年设计了安全笼，另一家瑞典汽车制造商沃尔沃公司在1958年推出了三点式安全带。次年，三点式安全带成为汽车的标准配置。德国的梅赛德斯－奔驰在1959年率先推出了防撞缓冲区。1973年上市的美国奥兹莫比尔公司的"托罗纳多"是第一款公开发售的带安全气囊的汽车。

随着1966年美国加利福尼亚州推出强制性的排放标准和催化转换器的发明（1956年获得专利，1973年投入生产），汽车尾气排放的现象开始受到关注。1986年，含铅燃料被禁止；此前一年，日本开始销售无铅汽油。

泡泡车

第二次世界大战结束后，德国的飞机制造业已经支离破碎，虽然它仍拥有优秀的工程师和不凡的创造力，但是缺少资本，德国的国内市场也缺乏资金。梅塞施密特公司的设计师们试图利用他们战时的专业技术（尤其是发动机技术和驾驶座舱罩技术），与一家破落的马车制造商合作，在1953年设计出了名为KR175的泡泡车，这是一款微型汽车。其他公

司纷纷效仿。动力增强的泡泡车在短期内取得了成功，直到 1959 年被英国生产的迷你车取代。迷你车的发动机支座是横向的，这一创意早在1911 年就存在了。1998 年，基于"小即是美"的准则，一款名为"精灵"的微型车在法国诞生了。

驾驶许可

1888 年 8 月 5 日，卡尔·本茨驾驶着"奔驰一号"与他的妻子在德国完成了世界上第一次长途汽车旅行。他们从曼海姆到普福尔茨海姆快速行驶了 100 公里。以那次长途旅行为最，"奔驰一号"也因噪音和烟雾收到了大量投诉，致使当地政府坚持要求本茨获得在公路上开车的书面许可，这就是世界上第一张驾驶执照。后来，法国巴黎从 1893 年开始，要求市民驾驶汽车必须取得车牌号。从 1899 年起，法国开始进行强制性的驾驶考试。从 1903 年起，英国强制要求所有司机拥有驾驶执照。

道路上的其他种种

出租车和公共汽车

1897年的夏天，第一辆自身提供电力的出租车——电动的"蜂鸟"开始在伦敦的街道上穿梭。早在 6 年前，一个德国人发明了计程器。1897年，德国戴姆勒公司生产的"维多利亚"成了第一辆安装计程器、靠汽油驱动的出租车。计程器一直是机械的，直到20世纪80年代，电子计价器问世。

1823年，巴黎首次出现了马拉的"公共汽车"；19世纪30年代以后，蒸汽动力的"公共汽车"开始在英国各地缓慢行驶。1853年,巴黎的道路上出现了第一辆双层公共马车。1895年,一辆戴姆勒公司的"维多利亚"被改装成第一辆公共汽车。1906年,法国有了第一辆双层公共汽车。20世纪20年代,在匈牙利的布达佩斯,人们设计出了铰接式公共汽车的原型。"游览车"(用于休闲郊游的巴士)源自法国的某种有长凳的四轮马车,在20世纪初的英国,它载着"快乐一日游"的游客,开始了第一次旅行。

20世纪20年代的机动游览车

卡车、拖拉机和履带式车辆

1895年,著名的汽车先驱卡尔·本茨制造了第一辆用汽油驱动的卡车。令人惊讶的是,直到1923年,本茨才制造了第一辆用柴油驱动的卡车。从1881年起就有了铰接式车辆。

18世纪后期,集装箱被用于航运;19世纪30年代,集装箱被用于铁路;在第二次世界大战中,美军明确了集装箱的标准;现代的标准钢制集装箱要追溯到1956年的美国。

1859年，英国人托马斯·阿维林安装了第一台带有驱动轴的固定发动机，随后有了蒸汽动力的牵引发动机。约翰·弗洛里奇于1892年在美国制造了第一台机动拖拉机。19世纪30年代，波兰人约瑟夫·玛丽亚·霍恩-沃伦斯基、英国人乔治·凯利爵士和俄罗斯人德米特里·扎格里亚日斯基将履带的理论（"通用的铁路"或"无尽的钢轨"）应用到实践中，但第一台商业的履带拖拉机（蒸汽驱动）直到1901年才在美国上市销售（伦巴德蒸汽原木运输车）。1908年，英国制造了一辆机动履带式汽车。1912年，加拿大人发明了以履带（有时还有滑雪板）为特色的机动雪地车。自1886年起，自行式起重机在铁路上投入使用；自20世纪10年代起，它在公路上投入使用。

自行车

在人类创造的发明中，很少有比简单的自行车发明更有争议的了。在所有主张和反对中，我认为以下的"第一"或多或少是准确的。1817年，德国的卡尔·冯·德里斯男爵发明了一种可操纵的两轮"跑步机"（又名脚踏车或木马），这就是最早的自行车。大约1869年，第一辆金属框架的脚踏车（无胎自行车）在法国开始销售。1871年，英国工程师詹姆斯·斯塔利发明了高轮车，这是一种前轮大、后轮小的早期自行车。1885年，约翰·肯普·斯塔利（詹姆斯·斯塔利的侄子）发明了"罗孚"或者叫作"安全自行车"，它是现代自行车的原型。之后，菱形框架自行车（1889年）和齿轮自行车（20世纪）相继问世。

摩托车

1867年，法国的无胎自行车的发明者皮埃尔·米修的儿子欧内斯特·米修在他父亲的一辆自行车上安装了一台小型蒸汽机。从某种程度上可以说，他制造出了第一辆摩托车。在许多设计师尝试将自行车与内燃机结合起来之后，1894年，德国希尔德布兰德&沃尔夫穆勒公司制造了一款商用的摩托车，同时推出了产品及其品牌"宝马摩托车"。世界著名的摩托车公司，哈雷-戴维森公司于1903年在美国成立。同年，英国人发明了摩托车的跨斗。

公　路

道路

　　最早的街道可能位于约公元前4000年美索不达米亚的城市。差不多在同一时期，英国的凯尔特人也在修建原木路。最早的铺面道路，或者说公路，是由大约1500年后的古埃及人建造的。蒸汽压路机的出现极大地促进了修建平整的复合路，这一想法来自1860年的法国，1867年在英国投入生产。英国人珀金斯从1904年开始制造电动压路机。深受欢迎的现代路面——柏油路，是1902年在英国偶然间发明的。

　　征收公路的通行费可以追溯到公元前668年至前627年左右，亚述巴尼帕的统治时期，他是亚述最后一位握有实权的国王，他向在苏萨和巴比伦之间旅行的人收费。电子道路收费系统起源于美国，最早于1986年在挪威卑尔根大规模投入使用。

路标和停车

　　最早的路标可能是公元前312年，古罗马的亚庇古道上的里程碑。从那以后，路标很大程度上属于人们心血来潮的产物。1697年，英国议会授权地方官员设置指路牌，并于1766年开始强制在收费公路上设置指路牌。1686年，葡萄牙国王彼得二世在首都里斯本最窄的街道上设置了优先标志。19世纪末，人们

开始广泛使用路标及街道和城镇的名牌，同样也给鲁莽的骑车人树立了危险警告标志。1895年，意大利旅游俱乐部为这个新统一的国家设置了世界上第一个综合性的路标系统。国际路标系统于1908年，在法国巴黎召开的国际道路大会上通过。

1918年，英国人在道路上画上了第一条白线，并安装了第一台"猫眼"摄像头。培西·肖在1934年申请了"猫眼"的专利。

1900年左右，法国和美国出现了指定的停车场。1905年，第一座多层自动停车场在巴黎建成。30年后，美国俄克拉荷马城推出了停车计时器。

交通事故

虽然1885年，卡尔·本茨的"奔驰一号"在一次测试中撞墙上了，但第一次真正的汽车事故可能发生在1891年的美国俄亥俄城，詹姆斯·兰伯特的车撞到了树根，又撞上了一根马桩。5年后，英国的一位路人布里奇特·德里斯科尔在伦敦的水晶宫旁被一辆以"危险驾驶"的速度（每小时4英里）行驶的汽车撞死了。

公元1世纪，罗马的庞贝古城就有了人行横道，那时的人行横道铺设了凸起的踏脚石。第一条专门建造的人行横道位于1868年伦敦的一条街道上。1934年，英国的路口安装上了交通信号灯，并在1951年给地面涂上了条纹（斑马线）。

几个世纪以来，许多国家试图通过对司机施加限制来约束"超速驾驶"，所以我们无法确定最早提出限速的是哪个国家。然而，我们知道第一个因为超速被罚款的汽车司机是英国人沃尔特·阿诺德。1896年，他以每小时8英里的速度行驶，被罚款1先令（12便士）。超速摄像机是一个荷兰人发明的，出现在1968年左右；1971年，美国率先在道路上安装了雷达测速装置。从1930年起，英国强制人们购买汽车保险。

路口

信号交通管制始于1868年的英国，信号灯则要追溯到1914年的美国。1768年，英国巴斯建成的具有古典风格的圆形广场可能是第一个环形交通枢纽；不过第一个为保持交通畅通专门设计的环岛于1907年，在美国加利福尼亚州的圣何塞建成。

约公元前1300—前1190年的古希腊的迈锡尼文明可能拥有最早的石桥。1781年第一座铁桥在英国通车。1801年在美国宾夕法尼亚州建成的雅各布溪桥则是第一座通行车辆的吊桥。到19世纪60年代，法国人开始建造混凝土公路桥。

建于公元77年的意大利亚平宁山脉的弗洛山口下的弗拉米尼亚隧道是第一条公路隧道。1843年英国伦敦建成的泰晤士河隧道则是世界上第一条水下公路隧道，1869年建成的霍尔伯恩高架桥是第一座公路立交桥。高速公路的建设始于美国在1907年建成的长岛汽车大道。

制造轨道

铁路

公元前500年左右，古代的雅典人在石槽中驾驶有轮子的车辆；奥地利人在1515年把卡车拖上木轨；英国人在18世纪60年代发明了戴铁帽的轨道。凸缘车轮出现在法国大革命的那一年（1789年），不久之后英国出现了铁轨。

接下来是用蒸汽机车代替轨道上的马力和人力。理查德·特里维希克在1804年制造了第一台蒸汽机车。然而是1812年，在英国利兹出现了蒸汽动力的齿轨铁路；然后是"普芬比利"，它是第一辆能够沿着金属轨道平稳、持续前进的蒸汽机车。1828年，英国的斯托克顿和达林顿之间开通了一条公用铁路，

部分使用了蒸汽动力。第二年，英国的利物浦—曼彻斯特线成了世界上第一条完全使用蒸汽动力的铁路。

火车和有轨电车

1837年，苏格兰人罗伯特·戴维森制造了第一辆电池动力的机车，可它无法与蒸汽机车相匹敌。40多年过去了，1879年，德国人维尔纳·冯·西门子制造了从铁道上获取电力的电机车，从而克服了电池问题；1895年，第一条电气化干线在美国投入使用。1807年，第一辆有轨电车在英国威尔士上轨通行，随后迅速普及开来。1880年，俄罗斯人发明了电车，电力迅速取代了马匹和蒸汽动力。早期对汽油和柴油机车的试验（1888年和1894年，英国）收效甚微，第一辆柴油机车直到1912年才在瑞士投入使用。两年后，第一辆柴油电动轨

1964年，东京站，东海道新干线的"子弹列车"的发车仪式

道车开始在德国运行，并在商业上取得了更大的成功。日本著名的"子弹列车"——新干线在1964年通车，它是世界上第一条正规的高速铁路，时速达到210公里。第一条地铁于1863年在伦敦开通。1890年开通的电气化地铁——伦敦城南铁路也是一项"第一"。最早的高架铁路于1838年，建在英国的伦敦—格林尼治铁路线上的有878块砖的拱桥上；英国的利物浦高架铁路是第一条完全由电力驱动的高架铁路。俄国发明家伊凡·埃尔马诺夫在1820年设计了单轨铁路。1957年宽梁的阿尔威克单轨铁路在美国西雅图建成，最终证明单轨铁路的概念在实践和商业上都是可行的。随后各种各样的构想、原型机和小规模的轨道相继出现。

铁路事故

最早记载的铁路事故发生在1650年的英国，两个达勒姆郡的男孩在一条运煤的轨道上被撞倒。幸运的是，直到1815年7月31日，几乎没有更多的铁路事故报告。滑铁卢战役（1815年6月18日）之后不久的一个夏天的早晨，一大群人聚集在费城（又说在达勒姆郡），着迷地看着德比郡的工程师威廉·布伦顿展示他那匹非凡的"蒸汽马"（又名"机械旅行者"）。在两条蒸汽驱动的金属腿的推动下，这匹"马"以每小时3英里的速度缓慢前行，这时它的锅炉爆炸了。爆炸造成16人死亡，这是第一起重大的铁路事故。27年后，又发生一起铁路事故，死亡人数惊人地超过了16人：1842年，一列满载乘客的法国火车撞车，还着火了，它的车厢门又被锁住了。这起事故的确切死亡人数无法确定，但可能多达200人。

车票和时刻表

第一个铁路站（或有轨电车站）是1807年建于威尔士的马拉车的斯旺西铁路上的芒特站，1830年建成的利物浦的皇冠街站是第一个终点站。19世纪30年

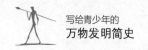
代，随着机械信号取代了手动信号，中央信号箱成为可能。1843年，英国的伦敦—克罗伊登铁路线上开启了第一个中央信号箱。

早期的车票是手写的。1839年，英国人托马斯·埃德蒙森发明了印刷车票（半价票则剪成两半），取代了手写车票。同年，英国出现了最早的印刷的时刻表。1834年，英国的坎特伯雷—惠特斯塔布尔小铁路开始发售季票（手写的）。1825年，作为尝试，英国制造了第一辆专门的铁路客车。1839年，火车开始有了卧铺车厢，1866年前后开始配备餐车（均在美国）。1842年，最早的国际铁路开始在法国和比利时之间通行。9年后，第一艘铁路渡轮在苏格兰启航。

水 上

船、绳索和风帆

人们推测最早的船出现在大约90万年前至1万年前之间，有人说最早的船是那种木头框架上裹着兽皮的圆形小船，另一些人则认为是独木舟。无论是哪一种船先出现，它们都是用某种形式的桨或橹驱动的。荷兰发现了一只有1万年历史的独木舟。第一只木筏是在2000年后的埃及制造的。早在公元前6000年，苏美尔人就有了帆船。3000年后，古埃及人制造了第一艘远洋船只，其船体由木板连接而成。带齿的锚大约可以追溯到公元前1千纪，尾舵是公元1世纪的中国人发明的。至少在28000年前就有简单的人造绳索，但是在公元前4000年左右，古埃及人首先用芦苇和其他纤维制造出了更为结实的多股绳索。安装了撞角的船（可以说是第一艘军舰）最早出现在公元前535年的古希腊。

值得注意的其他"第一"包括桨帆船（约公元前700年）、西班牙大帆船（16世纪）、专用的救生艇（1790年）、邮轮（1840年）、油轮（1878年）、大型游轮（1900年）、"无畏"战舰（1906年）、专用的航空母舰（1922

年）、集装箱船（1955年）。

运河

美索不达米亚的苏美尔人在公元前3500年左右开辟了灌溉渠。可能在公元前510年左右，波斯皇帝大流士一世主持开凿了第一条通航运河，将尼罗河和红海连接起来。不过，关于中国的大运河的证据更加可信，它始建于公元前3世纪。中国工程师乔维岳在公元984年设计并建造了最早的现代船闸。1869年，埃及开通的苏伊士运河是第一条大型运河。

铁船、蒸汽船和其他船

1783年，法国"派罗斯卡夫号"下水意味着两项"第一"：第一艘蒸汽动力船和第一艘桨式轮船。不过，由旋转桨驱动船的想法可以追溯到罗马时代。1803年，在英国格拉斯哥建造的"夏洛特·邓达斯号"是最早的实用汽船。1787年建造的一艘江驳船是第一艘金属壳船，随后是1819年建造的第一艘铁制客船（都是英国的）。"亚伦·曼比号"于1822年在伦敦下水，它也标志着两项"第一"：第一艘远洋铁船和第一艘蒸汽动力铁船。1859年，在法国下水的"光荣号"是第一艘铁甲战舰。1807年，法国人把世界上第一台内燃机安装到了一艘船上，不过直到1886年，德国才出现了由现代的汽油发动机驱动的船只。1905年，第一艘柴油动力船——潜艇"白鹭号"在法国出海。1791年，英国人约翰·巴伯发明了涡轮发动机。英国人在1894年发明的实验性的高速涡轮为涡轮动力船的制造铺平了道路。最后要说的是，最早的核动力船是美国的"鹦鹉螺号"潜艇（1955年）和苏联的破冰船"列宁号"（1959年）。

水上运动

游艇（出航娱乐的船只）出现在17世纪中叶，之后日益流行。1720年，

第一家游艇俱乐部在爱尔兰的科克成立。英国的皇家泰晤士游艇俱乐部声称，其在1775年举办的"坎伯兰杯"是第一场正式的划船比赛。1906年，在英国伦敦举行的国际游艇测量会议上制定了第一套关于划船比赛的国际规则。

据说爱尔兰律师托马斯·米德尔顿在1887年首创了小艇，这是一种为不太富裕的人提供的游艇。1926年，美国人汤姆·布雷克发明了现代的冲浪板。帆板冲浪则要到1958年，而风筝冲浪要到1977年甚至更早（都是美国）。

独木舟和皮划艇都属于最早的船。平底船是在中世纪时发展起来的，人们乘坐它在东英吉利的浅水中航行。到19世纪60年代，平底船首次在英国的泰晤士河上作为游艇使用。1844年，英国海军军官彼得·哈克特中尉发明了充气橡皮艇。1907年，一位挪威发明家发明了舷外发动机，为充气橡皮艇提供动力。在1972年的美国，第一辆水上摩托，或者叫喷气式划艇打破了海边的宁静。

螺旋的想法

螺旋桨的概念起源于古希腊数学家阿基米德（约公元前 287—约前 212 年），他发明了用来提水的螺丝。而利用螺旋运动静止的水通过装置的想法（颠倒了上述过程）花了很长的时间才成形。最终，这种想法在人们需求的推动下形成了。1775 年，美国人大卫·布什内尔建造的"海龟号"是最早的潜艇之一，很显然，它无法随风航行，也不能像水面上的船那样用桨划行。布什内尔给他的潜艇装上了一只用手或脚驱动的螺旋桨，以解决动力的问题。63 年后，英国的"阿基米德号"下水，这是世界上第一艘由螺旋桨驱动的汽船。第一艘自航潜艇是 1863 年法国制造的"普隆热尔号"。

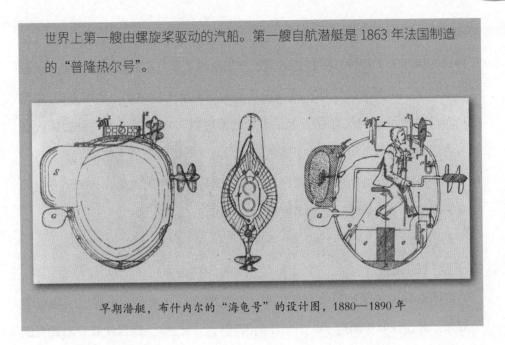

早期潜艇，布什内尔的"海龟号"的设计图，1880—1890 年

升空，然后飞向远方

风筝和气球

　　风筝是中国人的发明，发明的时间或许早在公元前5世纪。可以肯定的是，公元550年，风筝已经飞上了天空。公元559年，出现了最早的关于人类乘坐风筝飞行的记载，据说一位名叫黄头的囚徒乘坐风筝飞行了2.5公里。公元1世纪初，中国人还发明了无人热气球。早在1709年，葡萄牙耶稣会士巴托洛梅乌·德·古斯芒可能坐上了某种热气球，将自己送上了天空。不过人们普遍认为，1783年，法国人蒙戈菲尔兄弟进行的10分钟飞行才是人类第一次乘热气球飞行。在此前几天，第一只氢气球在法国放飞。同年12月1日，一只大到足以载人的氢气球在巴黎起飞。这些实验性的飞行使得1783年成为气球的历史上发展迅猛的一年。1785年，一只热气球在爱尔兰的图拉莫尔镇坠毁，摧毁

了100户人家，造成了第一次空难。美国在第一次世界大战中制造的阻塞气球（1917—1918年）和1921年制造的飞艇率先使用了氦气填充，而不是极易燃的氢气或煤气。可驾驶的气球，或者说飞艇的历史始于1784年，法国人让-皮埃尔·布兰查德给他的气球配备上了手动的推进器。1852年，另一位法国人亨利·吉法德在他的飞艇上安装了蒸汽机，为由发动机驱动的飞艇铺平了道路。1872年，德国飞行员保罗·亨莱因驾驶了一架有内燃机的飞艇；1900年升空的德国的齐柏林飞艇是第一架知名度极高的飞艇。

重于空气的飞行

英国的乔治·凯利爵士开创了重于空气的飞行，他第一个提出了航空学的原理，并在1804年制造了一架初步的滑翔机。1853年，他驾驶着一架载有成年人的滑翔机起飞了。1890年，法国人克雷芒·阿德尔的蒸汽动力飞行器在

莱特兄弟进行著名的人类首次飞行，1903年，美国

无控制的情况下飞行了50米，达到了160英尺的高度。人们普遍认为，美国发明家奥维尔·莱特在1903年12月发明了第一架可操纵的，且有动力装置的重于空气的飞行器。但是，出生在德国的古斯塔夫·怀特海德可能于1901年8月就在美国完成了一次类似的飞行。人类一旦走出了飞向天空的第一步，其后的发展就变得迅猛。1906年，罗马尼亚人图拉真·维伊亚制造了第一架单翼飞机。2年后，法国人佩尔蒂埃成为第一位独立飞行的女性，她的同胞路易斯·布莱里奥在1909年飞越了英吉利海峡。1910年有两项更重要的"第一"：法国人发明的水上飞机和美国人完成的飞机在船上的起飞和降落。1913年，俄罗斯飞行员彼得·涅斯特洛夫驾驶飞机翻了跟头，飞行表演由此发生了精彩的转折。

更大、更快的飞机

1914年1月，西科斯基的四引擎飞机——"伊里亚·穆罗梅茨"首次飞行。这架飞机是客机的原型，也是第一架四引擎飞机，其样机可能是首架双引擎飞机。由于第一次世界大战爆发，西科斯基这位俄罗斯裔美国工程师从未进行过商业飞行。1914年，他开发了圣彼得堡—坦帕航线，这是世界上第一条定期航线。战争极大地促进了飞机的发展，比如1915年，德国制造了全金属的"容克斯J1"。战争结束后，1919年，法国和比利时之间立即开通了一条航线，这是第一条定期的国际客运航线。不久后，英国开始提供机上餐食。1921年，美国首次在飞机上播放电影。空中加油始于1923年的美国。

英国人弗兰克·惠特尔在1930年申请了喷气发动机的专利，但是第一款喷气式飞机是德国的He 178，它到1939年才首飞。在1947年的美国，喷气动力打破了飞机水平飞行中的声障。5年后，第一架喷气式客机——英国人德·哈维兰制造的"彗星"进行了它的首次商业飞行。第一款超音速客机——英法协

和式飞机在1969年实现了首飞。1974年，随着太阳能飞机——美国的"日出1号"试飞，一种全新的飞机推进形式出现了。

特殊飞行器和逃生

航空科技的进步催生了各种各样的飞机。直升机（1861年创造的一个词）可以追溯到公元前400年左右的中国的竹蜻蜓。但直到19世纪，蒸汽、电力或者汽油驱动的一些模型机，和无人驾驶的直升机摇摆着飞向天空，直升机的故事才真正开始。最终，1907年11月13日，法国人保罗·科努发明了一种有人驾驶的直升机，它飞行稳定，上升了30厘米，并在半空盘旋了20秒。1923年，一架西班牙生产的旋翼飞机在当地起飞。1944年，美国西科斯基公司的R-4成为第一款批量生产的直升机。

人们对于垂直起降飞机的需求经历了不同的阶段，直到1957年，喷气式动力的肖特SC.I在北爱尔兰的贝尔法斯特起飞。两年后，英国的SR.NI成功飞行标志着气垫飞行器的诞生。滑翔翼可以追溯到19世纪晚期，而现代的滑翔翼诞生于1961年。微型飞机在20世纪70年代试飞。1935年，随着美国工程师设计的RP-I成功升空，现代无人机（无人驾驶的飞行器）正式出现。由电池驱动的四轴无人机在2010年左右投入商用。

1783年，有人从法国的一座塔上纵身一跃以演示降落伞；在1911年的美国，第一次有人身背降落伞从飞机上跳了下来。弹射座椅是罗马尼亚人发明的，在1929年测试成功。据说，世界上的首块供飞机起落的场地位于法国维里-沙蒂永附近。1919年，第一座机场开在了英国伦敦附近的豪恩斯洛荒野上。

飞向月球和更远方

有记载的首次火箭部署发生在1232年的中国。当时"火箭"一直都是战争中偶尔用到的武器。直到1898年，"现代航天之父"康斯坦丁·齐奥尔科夫斯基提出使用液体燃料进行太空探索。1926年，第一枚使用液体燃料的火箭升空。1944年，德国V2火箭进入太空。13年后，俄罗斯制造了第一颗人造地球轨道卫星"斯普特尼克1号"，震惊了全世界。1948年，美国用V2火箭将一只名为"阿尔伯特1号"的猴子送入了太空。1957年，苏联将一只莱卡犬送入地球轨道。1961年，尤里·加加林成为进入太空的第一人。随后，1963年，瓦伦蒂娜·捷列什科娃成为进入太空的第一位女性。1965年，俄罗斯宇航员完成了第一次太空行走。同年，美国率先完成了空间交会（宇宙飞船在太空中对接）。1969年7月20日，美国"阿波罗11号"上的宇航员尼尔·阿姆斯特朗和巴兹·奥尔德林完成了月球漫步。50年后，中国把一艘宇宙飞船"嫦娥四号"降落在了月球的暗面。

尼尔·阿姆斯特朗，第一个登上月球的人类，1969年7月20日

1970年，人类的探测器在金星表面实现了软着陆，第二年，在火星表面也实现了软着陆（都是俄罗斯）。1971年，俄罗斯建立了第一个空间站。1981年，美国发射了可重复利用的航天飞机。随着1990年美国国家航空航天局发射哈勃空间望远镜，宇宙在人们眼中变得更加清晰了。在接下来的25年里，航天领域引人注目的发展有：第一艘太阳轨道上的飞船（1992年，美国和欧洲）、首次小行星表面的着陆（2001年，美国）、首次外太空探测（美国），以及首次在太空种植蔬菜（生菜）并品尝（2015年，美国和日本）。

轨道上的哈勃太空望远镜，2009 年

寻 路

地图

最古老的地图是一幅夜空图，出现在法国拉斯科的一个洞穴的墙壁上（约公元前14500年）。巴比伦的泥板上可以找到有着地球特征的图画（公元前7000年到前2500年之间，学者们对此没有达成共识），巴比伦人还在公元前600年左右蚀刻出了第一幅世界地图。米利都的阿那克西曼德应该是第一个真正意义上绘制地图的人（约公元前611—约前546年，今希腊）。另一位地图绘制者，古希腊人埃拉托色尼（约公元前275—约前195年）创造了"地理学"一词。他非常精确地计算出了地球的周长，并把地球划分为5个气候带（两个极地、两个温带、一个热带），我们至今仍在使用这种划分。第三位古希腊人克罗狄斯·托勒密（约100—约170年）开创了一种革命性的绘图方法，他用透视投影绘制了球形的地球，并画出了经纬线。大约公元前120年，中国也出现过地理网格的想法。著名的墨卡托的圆柱投影是在1569年提出的。据说第一张交通图是古埃及人在公元前1160年左右绘制的。美国的兰德·麦克纳利出版社在1904年出版了现代的交通图。虽然从古代开始就有人制作地球仪，比如公元前150年左右，土耳其马鲁斯的克拉特斯制作的地球仪。但保存至今的最早的地球仪是德国人马丁·贝海姆在1492年制作的。1570年，荷兰人印刷了最早的能称得上是地图集的书。

导航——纬度和经度

美索不达米亚人、波斯人和古希腊人发明了我们现在通行的360°环形导航系统，并将一天划分成小时、分钟、秒（大约公元前3500—前500年），他

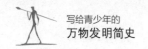

们还认识到可以通过星星导航。于是，旅行者有了更为准确的方法来确定自己的位置和指导旅行的方向。地中海的航海图可以追溯到公元前6世纪。大约在同时期，西革翁（今土耳其）建造了第一座灯塔。最早的导航设备包括星盘（约公元前150年，古希腊）、象限仪（约150年，古希腊）和磁罗盘（约1100年，中国）。直角仪是14世纪发明的。随着三角学的发展（公元前2—15世纪），葡萄牙人在1480年左右制作出了根据正午太阳的角度来确定纬度的对应表。在15—16世纪，各种各样的航海日志使得速度的计算更加精确。当发明了航海天文钟之后，人们也可以像计算纬度一样精确地计算经度。

导航——电子产品

随着六分仪（1757年，英国）、格林尼治子午线（1851年，英国）以及24时区（1884年，美国华盛顿特区）的出现，导航变得越来越准确、方便。现代电子学带来了导航革命。意大利科学家在1907年开发了无线电测向系统的原型。从1921年起，英国建立了更加复杂的无线电信标。1935年，英国人发明了雷达，两年后，美国人在一艘船上安装了雷达。接下来是美国海军从1964年开始使用卫星导航。1985年，美国建立并运行了第一种全功能的军用GPS（Global Position System，全球定位系统）。日本在民用的汽车自动导航领域处于领先地位，如内置GPS（1990年）、自动泊车（1999年）和车内语音辅助（2017年）。2007年，谷歌公司推出了街景地图，并拍摄了美国几个城市的街道。

著名的陆上（和冰上）旅行的"第一次"有：1792—1793年间，苏格兰人亚历山大·麦肯齐率探险队穿越北美；1860—1861年间，爱尔兰人伯克和英国人威尔斯穿越澳大利亚；第一场环球旅行存在争议，1897—1904年间的美国人乔治·马修·席林，或是1970—1974年间的美国人戴夫·孔斯特；第一次到达北极点的人同样存在争议，1908年的美国人弗雷德里克·库克和两个因纽特人，或是1909年的美国人罗伯特·培利、马修·亨森和四个因纽特人；1911

年，挪威人罗阿尔德·阿蒙森率探险队到达南极点；1953年，新西兰人埃德蒙·希拉里和尼泊尔人丹增·诺盖登上珠穆朗玛峰。

航海史上五项伟大的"第一"同样值得一提：公元前600年，腓尼基水手绕航非洲，但尚未得到证实；令人瞩目的郑和下西洋，1405—1407年间，他从中国出发，航行到了中东地区和非洲；公元1000年左右，维京人列夫·埃里克森经由冰岛和格陵兰岛穿越大西洋；1492年，意大利船长克里斯托弗·哥伦布在西班牙王室的资助下，从西班牙航行到加勒比海，发现了美洲大陆；同样受到西班牙王室的资助，葡萄牙船长费迪南德·麦哲伦在1519—1521年间横渡太平洋，完成了环球航行。

最后要说的是那些著名的"第一次"飞行：1919年，英国人约翰·阿尔科克和亚瑟·布朗不间断地飞越了大西洋；1930年，英国人艾米·约翰逊完成了从欧洲到澳大利亚的单人飞行；1949年，美国人詹姆斯·加拉格和13名机组人员乘坐波音的"空中堡垒"完成了不间断的环球飞行。

5

科学与工程
SCIENCE AND ENGINEERING

科学技术凝结着人类最闪光的智慧。人类为了认识这个世界，创造更便利的生活，开创了科学与工程这一全新的领域，改变了我们古老星球的面貌。

工具和设备

使用工具

如果把能人视作最早的人类物种（这一点存疑），那么人类使用工具的历史就有200多万年了。不过，人类并不是从史前时代起就用螺丝刀的。最早的工具只是一些有锋利边缘的燧石碎片（通常被称为手斧），它被用于切割或刮擦。矛的起源更加扑朔迷离。显然，黑猩猩已经制造了上百万年木质的矛了，这表明原始人类也做过同样的工具；然而，我们没有确切的证据可以证明人类在公元前45万年就学会制造了矛。大约20万年前，人类给矛装上了复杂的石头尖。用来磨刀片的斧子最早在澳大利亚出现，它至少有4.4万年的历史。手柄可能是之后加上去的，第一把装有手柄的斧子可以追溯到公元前6000年左右的亚洲。这个时候，德国的原始人类已经用了大约4000年的弓和箭。锤子的故事与斧子很相似，不过它可能比斧子早诞生了1万年；证据表明，有手柄的锤子出现在公元前3万年。

木器

木器最早出现在两河流域和印度河流域。古埃及人给了我们锯了（约公元前3000年）、平头斧（约公元前2500年）、锉刀（青铜制品，约公元前1200年）以及辐刨（存疑，年代不详）。他们还在大约5000年前制造了胶合板。公元前3500年左右，生活在梅赫尔格尔（今巴基斯坦）的人们开始使用钻。而在新石器时代的德国，公元前3500年左右，人们开始使用石头凿子。古罗马人在

锯子上装了一个木柄，他们还有可能发明了刨子。来自古希腊的图画表明，公元前1千纪就有金属钳子了。

固定

最早的固定物要追溯到几万年，甚至几十万年前，是成捆的匍匐植物、皮革或柔韧的树枝。在公元前5000年左右的德国、古埃及和中国的木制品中，人们使用了榫眼和榫头，有时也用楔子固定。公元前2500年左右，建造巨石阵时也使用了它们。古埃及人在大约公元前3400年制造了金属钉子，并在大约

1920年修复期间的巨石阵。左上图是在建造巨石阵时使用的早期的榫眼和榫头

2000年后制造了动物胶。用来固定门的螺栓可以追溯到罗马时代。或许在同时期，人们产生了在螺栓上设置螺纹的想法，这样一来螺栓就变成了能用扳手拧紧的螺丝钉。15世纪的欧洲一定是有螺丝钉的，但是螺丝刀需要等到1744年才出现。法国人雅克·贝松（约1540—1573年）发明了一种车床来制造螺丝钉和螺栓。英国人杰西·拉姆斯登在1770年制造的车床和美国人大卫·威尔金森在1798年开发的大规模生产技术，才使车床的生产真正实现了机械化。虽然方头螺丝钉（十字头螺丝钉）是加拿大人彼得·罗伯逊在1908年发明的，但人们更习惯将它与美国商人亨利·菲利普斯联系起来。另一位美国商人威廉·G.艾伦在1909年或1910年获得了内六角扳手的专利。

机　器

机械助手

中国人在公元前1世纪发明了衣服熨斗，最早是一个装满了热炭的金属锅，谈不上是什么高科技。从17世纪起，欧洲人使用加热的铁板做熨斗。19世纪，美国和其他地方出现了自热熨斗，它用煤油、天然气甚至危险的汽油做燃料。美国人还在1882年发明了电熨斗，又在1926年左右给电熨斗添加了恒温器。蒸汽电熨斗在1926年上市，无线电熨斗在1984年上市（都在美国）。

手动缝纫机的相关内容在后文关于"缝纫之争"的方框中。电动缝纫机于1889年在美国的辛格上市销售。1589年，英国传教士威廉·李发明了针织机（或者说织袜机）。1806年左右，法国人皮埃尔·让多率先提出了舌针的概念。

打字机

很难说究竟是谁发明了打字机：亨利·米尔（1714年，英国）、佩莱格里诺·图瑞（约1808年，意大利，他还在1801年发明了复写纸）、威廉·奥斯汀·伯特（1829年，美国）、弗朗西斯科·若昂·德·阿泽维多神父（1861年，巴西）以及彼得·米特霍费尔（1864—1867年，奥地利）都称自己是发明打字机的人。自那以后，打字机发展迅速且种类繁多。1872年，美国发明家托马斯·爱迪生发明了电动打字机。标准键盘于1874年在美国诞生。"高尔夫球"打字机（IBM电打字机）于1961年出现在美国。电子打字机于20世纪70年代出现在美国代阿布洛。不久之后，咔嗒作响的打字机被计算机和打印机带来的革命清扫出局。

电动工具

据说1813年，美国人塔比莎·巴比特的奇思妙想启发了圆盘锯的发明，但直到82年后的1895年德国泛音公司发明了电钻，现代的电动工具才正式出现。与自制工具不同，这把电钻重达7.5千克。下一个重要的进步是美国百得公司在1916年生产的拥有手枪式手柄、扳机式开关的电钻，它是邓肯·布莱克卖掉了汽车，凑够了经费，与他的朋友阿朗佐·德克合作发明的。许多诞生于美国的小工具和配件紧随其后，包括百得公司生产的电动螺丝刀（1923年）和无线电钻（1961年）。美国人在1916年发明的地板砂光机由循环动力驱动，1936年发明的链锯"伐木机"更具杀伤力。美国人乔治·麦吉尔在1866年制造了订书器，为1934年美国人发明订枪铺平了道路。美国人莫里斯·皮诺斯在1944年左右发明了威力更大（也更致命）的射钉枪。蒸汽压力清洗器在1926年完成了它的首次喷射，家庭式的压力清洗器则在1950年进入了市场（都发生在美国）。最后，为了让美国不能完全垄断电子小工具的市场，1951年西班牙的博阿达兄弟设计了一款瓷砖切割机。

缝纫之争

我们每个人都需要穿衣服，每件衣服都需要缝合，所以各种缝纫机的发明都能带来巨大的财富。英国人托马斯·山特在1790年获得了缝纫机的专利，但是他的设计没能传播开来。40年后，法国裁缝巴泰勒米·蒂莫尼亚发明了一种链式缝合的缝纫机。英国人约翰·费舍尔在1844年发明的缝纫机比以前的更好，它可以同时使用两种不同的线。然而，费舍尔搞砸了专利申请，他关于平缝机的设计被美国人伊莱亚斯·豪偷走，并在1846年被申请了专利。1851年，这一设计再次遭人窃取，并再次申请了专利，这一次是美国人艾萨克·梅里特·辛格干的。豪起诉了辛格，并且胜诉，于是辛格不得不与豪分享利润。结果就是，辛格的公司家喻户晓，平缝机的创始人和被辛格窃取创意的豪都成了百万富翁。

金属和机器

熔炼

使用金属之前需要先提炼金属。人们最早得到的金属是黄金，偶尔也能获得大量的铜，因为可以在自然的状态下收集到这些金属。其他的"第一块"金属（锡、铅、银、铁和汞）是通过加热它们的矿石获得的。熔炼金属是从锡和铅开始的（约公元前6500年，今土耳其），然后是铜和铁，进而有了钢的生产（约公元前1800年，今土耳其）。

炼炉和焊接

铁和钢冶炼技术的迅速发展离不开高炉的诞生（公元前5世纪，中国），而高炉的进一步发展又是在焦炭取代木炭之后（1709年，英国）。在2000多年前，中国人最先开始炼铁，以获得更加易于锻造的器具。但真正的炼铁炉需要等到1784年的英国才出现。钢铁制造业的其他重要的"第一"有：坩埚钢（公元前8世纪，印度和中亚）、亨茨曼坩埚炼钢法（1740年，英国）、贝塞麦转炉（1858年，英国）、基础的氧气炼钢法（1948年，奥地利）和科雷克斯熔融还原法（20世纪70年代，奥地利）；在铁的制造方面，则有现代轧机（1783年，英国）和挤压加工（1797年，英国）。镀锌始于1836年的法国。英国人在1913年发明了不锈钢。

4000多年前锡的发现和1921年在德国诞生的电烙铁都推动了钎焊技术的发展。焊接据说出现在公元前15世纪的古希腊；1881—1882年间，一名俄罗斯人和一名波兰人发明了电焊；1903年，法国人发明了气焊。1978年，美国人利用激光熔覆技术制造了第一枚3D金属构件。

金属

许多金属在被发现之前都是以化合物的形式存在的。第一种被分离出来的金属是铜（约公元前8700年），然后是铅（约公元前6500年）、铁（约公元前5000年）、银（约公元前4000年）、锡（约公元前3500年）、金（约公元前3000年）、汞（约公元前2000年）。在近代，我们发现了铬（1780年）、铀（1789年）、硅（1824年）、铝（1824—1825年）、镭（1898年），以及1944年制造的最早的人造元素锎和镅。

作坊和工厂

作坊和机械设备

　　因为面包是生活的必需品，理所当然地，人们在做面包的过程中发明了简单的机器：公元前4世纪，突尼斯的迦太基人发明了用牛、驴或马驱动的旋转磨。不久后，可能就在同一时期，生活在印度和中东地区的人们开始人工或利用牲畜转动灌溉水车。在公元前3世纪的近东地区，人们反向操作了灌溉的过程，用水车来磨面粉。关于齿轮机械的最早记录来自公元前4世纪的中国。在古罗马的希腊化时代，大约自公元前320年起，下冲式的水车开始转动。大多数人认为风车的创意起源于公元1千纪的波斯，不过它的起源也可能是巴比伦国王汉穆拉比（约公元前1810—约前1750年），他将风车用于灌溉。13世纪的欧洲人建造了砖石结构的磨坊，它只有迎风旋转的帆和帽。1887年，第一台

首个海上风力发电厂，位于丹麦温讷比

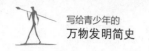

风力发电机在苏格兰开始发电；第二年，美国俄亥俄州出现了自动的风力发电机。1991年，丹麦开设了第一家海上风力发电厂。

工厂

怎样才算得上是"工厂"？不考虑许多奴隶一起工作的那种（比如古罗马那样的工作方式），只把能够大规模生产、有着流水线并能制造组件的单位视为工厂，那么第一家工厂应当是建于1104年的意大利的威尼斯军械库，它拥有16000名工人，几乎能在一天之内造出一艘船。换个角度，如果我们给出一个更加现代的定义，把有许多工人在同一个地方使用机器进行大规模生产的单位视为工厂，那么第一家工厂应该是建于1718—1721年的英国德比郡的洛姆捻丝厂，或建于1771年的同样位于德比郡的棉纺厂——理查德·阿莱克的克劳姆弗德工厂。第一家蒸汽动力驱动的工厂可能是建于1782年的英国伯明翰的苏豪制造厂。1860年，比利时人埃蒂安·勒诺尔发明了燃气内燃机，它在工业领域得到了广泛的应用。从1899年起，人们开始用电动机为工厂供能。

流水线

建于1795—1798年的英国皇家海军的朴次茅斯砖厂拥有最早的能连续生产的流水线车间，建于1916年的美国一家面粉厂最早实现了全自动化生产。与此同时，1853年，在英国的一家蒸汽机厂，流水线的概念诞生了。随后，流水线穿越了大西洋，于1867年在美国芝加哥的一家屠宰场中被用于大规模的拆解。1885年，美国的一家罐头工厂升级改造了流水线，为它添加了一条电动传送带。1901年，美国人兰塞姆·奥尔兹建造了一条制造汽车的流水线。12年后，亨利·福特的移动流水线开始大量生产T型车，所需时间比晾干汽车上的黑色油漆还短。早在1938年，美国就制造出了工业机器人，但是1961年，通用汽车公司投入使用的机器人才是最早的用于大规模生产的工业机器人。

机床

最早也是最简单的机床大概是弓形钻，它是公元前6000年左右的梅赫尔格尔（今巴基斯坦）人发明的。随后是陶轮和古埃及的车床（大约公元前1300年）。19世纪的欧洲人发明了脚踏的杆式车床。随着18世纪中期工业革命的到来，机床有了一次大的飞跃。具有创新精神的法国人雅克·德·沃康松在1760年左右制造了轮锉和全金属的车床。随后，1775年，英国有了现代的螺纹车床。1772年金属加工车床在英国从马力拉动的加农炮镗床改造而生。另一个英国人，约瑟夫·布拉默在1795年发明了液压机。同年，美国钟表匠伊莱·特里设计了现代的铣床。19世纪早期，英国人发明了金属刨床。19世纪30年代，美国制造出了外圆磨床，后来各式发动机的发展都离不开它。

物流、管理和供给

最早的后勤人员是指古代负责给军队提供人力、食物和武器的官员。古罗马人把他们称为"logistikas"。"logistics"（物流）一词最早在1830年，甚至更早的时候出现在法语中（logistique），随后在1846年出现在英语中。人们从1910年开始讨论供应链，1982年开始讨论供应链管理。至此，"计划性报废"这个术语已经用了快50年，而在自行车和汽车行业，甚至使用了更长时间。随着物流的过程变得越来越庞杂，其他关于物流的概念不断涌现：延迟策略（1950年）、物料需求计划和"长鞭效应"（都出现在1961年）、逆向物流（1992年）以及持续补货（1997年）等。

为了帮助人们应对这个压力越来越大、术语越来越多的世界，美国在1881年开设了第一所商业学校，并在1990年授予了第一个商业理学硕士学位。8年后，哈佛大学商业管理研究生院推出了工商管理硕士（Master of Business Administration，简称MBA）。出版于1911年的弗雷德里克·温斯洛·泰勒创作

的《科学管理原则》是第一本现代管理学的专业著作。2000年，物流被认定为一种职业。

将目光转回到工厂车间：1887年，起重车在美国开始工作；1906年，美国出现了自推进的起重车；1915年，英国的起重车第一次有了水平移动物体的能力。20世纪20年代末，叉车和货盘都变得常见。

古代的城市就有仓库；2000年后的20世纪60年代，人们建立了自动化仓储系统。条形码和标准集装箱的出现补全了物流领域的图景。

引 擎

泵和牵引

英文单词"engine"出现在15世纪，指的是某种机械装置。它可以指代的东西可能包括用于汲水的桔槔（公元前3100年，古埃及）、滑车（约公元前1500年，可能出现在美索不达米亚）、吊车（约公元前500年，古希腊）、绞车或绞盘（约公元前500年，古希腊或亚述）、滑轮组（古希腊天才阿基米德的发明）以及任何类型的磨坊、螺旋泵或吸入泵或活塞泵（约公元前275年，可能出现在古希腊）、踏车（公元1世纪，古罗马）、卷扬机（阿基米德的发明，但是最早的相关资料出现在1313年的中国）以及齿轮。1654年，德国人奥托·冯·格里克发明了真空泵；隔膜泵于1854年在美国获得专利；旋转叶片泵于20年后在美国获得专利。

蒸汽机

最早的由蒸汽驱动的装置应该是公元1世纪，亚历山大城的数学家海伦发明的汽转球。它并没有什么用，原始的汽轮机就不一样了。奥斯曼帝国

（今土耳其）的塔居丁在1551年左右发明了汽轮机，它可以用于喷射。1606年，西班牙人罗尼莫·德阿扬兹-博蒙特制造了一台可以运转的蒸汽泵。1698年，托马斯·萨维利发明了实用的蒸汽泵——"矿工之友"，它是利用蒸汽驱动的，是真空的。法国人丹尼斯·帕潘（1647—约1713年）为蒸汽泵设计了安全阀。英国人托马斯·纽科门从1712年起研究蒸汽泵，制造了第一款成功用于商业的蒸汽泵。1776年，英国发明家詹姆斯·瓦特和他的生意伙伴马修·博尔顿制造了第一台能为机器供能的、真正意义上的蒸汽机。英国人"铁疯子"约翰·威尔金森在1774年用他的镗床制造出了高质量的汽缸。为了把活塞的上下运动变成圆周运动，瓦特和博尔顿的团队在1781年给蒸汽机添加了太阳齿轮和行星齿轮，他们还在1788年添加了调节器，并且和康沃尔郡人理查德·特里维西克一起设计了双动活塞。特里维西克在1800年发明了高压蒸汽机。法国人让-雅克·迈耶在1841年发明了膨胀阀。英国的查尔斯·帕森斯爵士在1884年发明了现代的汽轮机，它能够发电，并为轮船提供动力。

曲柄和燃烧

荷兰天才克里斯蒂安·惠更斯（1629—1695年）提出了内燃机的想法。1807年尼塞福尔·涅普斯和克劳德·涅普斯（见本书下文方框），还有瑞士工程师弗朗索瓦·艾萨克·德里瓦兹率先制造出了实用的内燃机。德里瓦兹还在1807年将氢动力发动机装到了一辆车上。最早应用于工业的内燃机是英国人塞缪尔·布朗在1823年发明的燃气真空发动机；美国人塞缪尔·莫里在1826年为他的发动机安装了汽化器；英国人威廉·巴内特在1838年提出了缸内压缩的想法；1856年，意大利人制造了双汽缸的工业发动机。

曲柄在中国的汉朝首次亮相（前206—220年）；公元3世纪，土耳其人将它与活塞杆连接；1206年，土耳其人还将它与曲轴结合为一体。

卡维尔发电站的汽轮机，1907 年，英国

内燃机

　　让·约瑟夫·埃蒂安·勒诺尔制造的发动机实际上是一台利用燃气驱动的蒸汽机。1870年，奥地利人希克弗里德·马尔库斯研制出了移动式汽油发动机。6年后，四冲程的发动机诞生了。1881年，带有缸内压缩的二冲程发动机在英国获得专利。大约1884年，英国工程师爱德华·巴特勒提出了一系列的"第一"：汽油内燃机、火花塞、点火磁电机、线圈点火、喷射汽化器和"petrol"（汽油）这个单词。德国人本茨的汽车与戈特利布·戴姆勒的增压器在1885年出现。1892年，德国人鲁道夫·狄塞尔获得了压燃式发动机的专利，对发动机的各种改进随之涌现，直到菲利克斯·汪克尔在1954年提出了旋转活塞式发动机。

核动力

英国物理学家欧内斯特·卢瑟福在1932年第一个认识到锂原子分裂时会释放出巨大的能量。同年，科学家发现了中子。1933年匈牙利人利奥·西拉德在实验室里发现了链式反应的可能性。在前人研究的基础上，第一个核反应堆——芝加哥一号堆在1942年开始运转。1945年7月，美国人试验了第一件核武器；就在第二个月，美军愤怒地向日本广岛投下了原子弹。第一次氢弹试验于1952年在美国完成。在这之前的一年，人们开始利用核能发电，并很快有了核动力船。从1954年起，苏联首先开始大规模利用核能发电。1956年，核电首先在英国走向商业化。很快，事故发生了。第一起重大核灾难，也是人类历史上最具毁灭性的灾难之一，是1957年发生在苏联的克什特姆核事故。

涅普斯兄弟的发动机

法国的涅普斯兄弟（尼塞福尔·涅普斯和克劳德·涅普斯）的显著才能就是发明创造。1807 年，他们在塞纳河上的一艘船上安装了一台发动机，声称这是第一台内燃机。它通过一系列的小型爆炸来工作（大约是每 10 秒一次），这些爆炸由铜箱内的苔藓、煤尘和树脂的混合物引发。利用燃烧产生的能量，将河水从船的前部引入，然后从船尾部的管道排出，从而推动船前进。这台发动机虽然精巧，但并不成功。拿破仑一世授予的专利到期后，克劳德去了伦敦，从国王乔治三世那里拿到了新的专利，继续研究他那注定失败的发动机。后来，他精神失常，在 1882 年逝世。尼塞福尔则留在了法国，将他的创造才能用到了照相机上。

电

早期的电火花

语言学提供了一条线索：在中世纪晚期的阿拉伯世界，表示"电鳐"（一种鱼）的词和"闪电"的词是同一个。这可能就是人类"第一次"注意到闪电，它是自然中最耀眼的电。1642年，人们创造了两个单词"electric"（电的）和"electricity"（电）。在此之后，美国科学家本杰明·富兰克林将电的现象与琥珀（在拉丁文中是"electrum"）联系起来，证实了阿拉伯人对闪电性质的怀疑，并提出电存在正负。1780年，意大利人路易吉·伽尔瓦尼发现了动物体内存在电流；另一位意大利物理学家亚历山德罗·伏特在1880年制作了第一块电池；20年后，丹麦物理学家汉斯·克里斯蒂安·奥斯特和法国物理学家安德烈-玛丽·安培认识到了电磁。电路是由德国物理学家乔治·欧姆在1827年根据电流和电阻定义的。1831年，英国物理学家迈克尔·法拉第研究出了电磁发电的原理。

发电

1832年，法国人希波利特·皮克西制造了第一台交流发电机和换向器，第一台工业发电机要到1844年才在英国投入使用。意大利学者安东尼奥·巴奇诺基在1860年利用环形电枢顺利实现了发电。匈牙利人阿纽什·耶德利克在1856年提出了发电机发电的原理，为生产实用的发电机铺平了道路。后来，英国人塞缪尔·瓦利和查尔斯·惠斯通爵士和德国人维尔纳·冯·西门子都独立研发出了实用的发电机。在1870年的英国拉格塞德，人们首次使用水力发电。1882年，首座公共供电的发电站在英国戈德尔明投入使用。同年，燃煤发电站在英国投入使用，蒸汽发电站在美国投入使用。实际上，到了1855年的法国，人们才首次使用交流电。交流电发电站于1866年在英国建成。1953年，实验室中的一块硅太阳能电池成功发电；1956年，硅太阳能电池实现商业化。以潮汐能驱动水磨坊已经使用了几个世纪，但是直到1966年才在法国兰斯河的入海口建成了大型的潮汐能发电厂。意大利人在1904年率先使用了地热能，并在1911年建成了第一座地热能发电站。

电力

第一台（非常简单的）电动机是安德鲁·戈登在1745年左右发明的，他是一名住在巴伐利亚州的苏格兰僧侣。1820年，安德烈-玛丽·安培提出了电场和磁场相互作用产生机械力的原理，这个原理在第二年被迈克尔·法拉第证明。1828年，匈牙利物理学家阿纽什·耶德利克发明了真正的电动机，英国人威廉·斯特金在1832年才制造出能驱动机器的电动机。环形电枢于1864年在意大利诞生，使得电动机可以被广泛用作固定电源或移动电源。

19世纪20年代，安德烈-玛丽·安培发明了螺线管。变压器则要追溯到1836年的爱尔兰。1833年，迈克尔·法拉第首先注意到半导体的效果，印度科学家贾格迪什·钱德拉·博斯在1901年制作了第一个固态的半导体。

材　料

木头、石头、黏土

人类最早使用的材料是那些最容易得到的材料：木头和石头，以及后来的黏土。最古老的陶制品是旧石器时代晚期的女性雕像（大约公元前29000年，法国）。之后有了简单的陶罐、印度河流域的石器（大约公元前2500年，

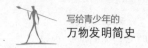

今巴基斯坦）以及瓷器。干泥制成的砖（大约公元前7500年）最早出现在安纳托利亚（今土耳其）或者印度河流域（今巴基斯坦）。中国人是最早用火烤制砖块的（大约公元前4400年）。公元前1400年左右，天然橡胶球出现在中美洲的球类运动中。据我们所知，马来西亚人首先用杜仲胶制作类似刀柄的东西。从19世纪40年代起，全世界都使用杜仲胶了。大约8500年前，人类就开始熔炼金属。公元前7500年左右，约旦人开始使用石膏，此后不久，有了灰泥装饰。水泥的起源尚不清楚，但有证据表明，大约4500年前的克里特岛上的居民就已经使用。混凝土的起源同样不清楚，但是古希腊人在公元前1300年左右就用混凝土来建造房屋了。

塑料革命

因为前面提过人造纤维，所以我们现在来聊一聊其他人造材料。1843年，英国人托马斯·汉考克注册了硬化橡胶的硫化工艺的专利，比美国人查尔斯·古德伊尔略早了几周。利用植物纤维素，英国人亚历山大·帕克斯在1862年制造了第一种新型的固体材料，一开始叫"帕克辛"，后来改名为"赛璐珞"。1872年，注塑机在美国成为一项专利。最早的纯人造的材料出现在1907年，比利时裔美国人利奥·贝克兰用化石燃料制成了一种合成塑料，他将其命名为"贝莱克特酚醛树脂"。大量的新材料接踵而至，其中大部分是在19世纪被发现的，但是在当时并没有进行商业开发：PVC（polyvinyl chloride，聚氯乙烯，或者只称为"乙烯基"，1872年在德国发现，1926年在美国加工制造）、聚苯乙烯（1839在德国发现，1931年在德国加工制造，美国人在1954年将它加工成泡沫的形式）、聚乙烯（1898年在德国合成，1933年在英国加工制造）、聚丙烯（1951年在美国发现，1957年在意大利加工制造）、三聚氰胺[1835年左右在德国发现，1913年在美国作为层压材料"福米卡"（家具塑料贴面）进行加工制造]。

贝莱克特酚醛树脂制成的电话，1931 年

塑料产品

塑料催生了大量人们熟悉的产品：透明胶带（1930年，美国）、玻璃纤维（1942年或者更早，美国和德国）、超强力胶水（1942年，美国）、丙烯酸涂料（20世纪40年代，德国）、聚氨酯绝缘泡沫（20世纪40年代，德国）、特百惠家用塑料（1946年，美国）、混合化合物（1959年，英国）、硅胶乳房植入物（1961—1962年，美国）、聚乙烯购物袋（1965年，瑞典）以及斯沃琪手表（1983年，瑞士）。

最近在材料领域的发展包括：合成纳米材料——碳富勒烯（1985年，英国和美国）；石墨烯，即单层原子厚度的石墨微晶（2004年，在英国曼彻斯特工作的俄罗斯科学家的发明）。英国帝国化学工业集团在1990年推出了可商用的生物降解塑料——聚羟基丁酸酯。15年后，可口可乐公司推出了首个由植物材料制成的塑料瓶。

光

光的研究

古希腊人和中国人是最早客观地研究光的人。公元前400年左右，中国哲学家墨子提出了小孔成像的理论（暗箱的原理）；下个世纪，欧几里得更加科学地研究了反射的数学原理，并提出光沿直线传播。1000多年后，克里斯蒂安·惠更斯提出了光波的假设，这一假设在1800年左右被英国人托马斯·杨证明。1672年左右，艾萨克·牛顿证明了白光是一种混合颜色的光。光都无法从里面逃脱的东西（现在被称为"黑洞"）开始是法国人马奎斯·德·拉普拉斯（1749—1827年）提出的。另一位法国科学家莱昂·福柯里昂在1850年首次精确地测量了光速。在下一个10年中，英国科学家詹姆斯·克拉克·麦克斯韦第一个把光和电磁联系起来。1905年，犹太裔德国天才阿尔伯特·爱因斯坦颠覆了过去人们头脑中的大多数观念，他说光是以光子（粒子）的形式存在的。根据他的狭义相对论，光还是一种波的场。至此，大多数的普通人都被爱因斯坦甩下，在他身后苦苦挣扎。

蜡烛和油

显然，火是最早的人造光源。没有人确切地知道我们在何时、何地用火制造了粗糙的灯，或许是贝壳或者岩洞中燃烧的含脂苔藓，这大概有7万多年的历史了。6万多年后，法国有了特制的石灯；而在公元前4000年，欧洲和近东地区有了陶土灯。大概5000年前，古埃及人开始用蜂蜡做蜡烛，后来出现了用动物脂肪和其他种类的蜡做的蜡烛。公元9世纪，阿尔拉齐想到了一种燃烧矿物油的灯，不过在1846年加拿大人发现煤油之前，这个想法几乎没什么用。

7年后的1853年，煤油灯在波兰和美国上市销售。其他重要的关于灯的"第一"有：矿工安全灯（1815年，英国）、压力灯（1818年，英国）、聚光灯（1820年，英国）和气灯罩（1881年，法国）。

打开开关

1792年，英国诞生了煤气灯，并且在10年内有了电弧灯。1879年，托马斯·爱迪生和英国人约瑟夫·斯旺发明了持久耐用的白炽灯泡，这一成果是建立在前人的基础上的，比如詹姆斯·林赛于1835年左右在英国展出的亮到可以辅助阅读的电灯泡，比利时人马塞林·约巴尔在1838年发明的真空灯泡和俄罗斯人亚历山大·罗德金在1872年发明的充氮灯泡。爱迪生和斯旺的灯泡又经过了改进，采用了德国人和克罗地亚人在1904年制造的钨丝以及美国人在1917年制造的线圈灯丝。1981年，荷兰飞利浦公司制造了节能灯泡。同时，其他形式的电灯纷纷涌现：原始的荧光灯（1867年，法国）、气体放电灯（1894年，为霓虹灯和等离子屏的诞生做好了准备）、汞蒸气灯（1901年，美国）、钠蒸气

一只19世纪的斯旺－爱迪生灯泡

灯（1920年，美国）、发光二极管（light-emitting diode，简称LED，1927年，俄罗斯）、卤素灯（1953年，美国）以及激光灯（1960年，美国）。1899年，英国人大卫·米歇尔制造了第一支电池供电的手电筒。1859年，法国人加斯顿·普兰特发明了铅酸蓄电池。1985年，科学家发明了现代的可充电的锂离子电池。

显微镜和望远镜

1608年，荷兰人汉斯·利普赫制造了第一台望远镜。次年，意大利物理学家伽利略制造了第一台天文望远镜。1688年，牛顿制造了第一台反射望远镜。英国科学家在1733年发明的消色差透镜可以减少望远镜的色彩失真。基于法国牧师洛朗·卡塞格伦（约1629—1693年）的创意，一台美国和法国科学家在1910年左右发明的卡塞格伦反射望远镜或许能实现更好的望远效果。射电望远镜是美国人卡尔·古希·央斯基在1932年发明的。

在另一方面，公元前5世纪的古希腊人就知道有放大镜。阿拉伯学者哈桑·伊本·阿尔-海赛姆在1021年记录了这种物品。虽然很多人有过关于显微镜的想法，但是最早的复式显微镜是在1620年左右，由荷兰的眼镜制造商制造的。意大利人乔瓦尼·法伯在1625年创造了"microscope"（显微镜）一词，用来形容伽利略制造的那种早期装置。第一个可用的显微镜（300倍）是17世纪70年代安东尼·列文虎克在荷兰制造的。德国科学家在1931年发明了电子显微镜，在1935年发明了扫描电子显微镜。

建　筑

早期建筑

据记载，最早的房屋出现在大约11000年前。最早的宗教建筑也是在这个时期建造的，那是位于今土耳其的哥贝克力山丘的某种寺庙。仅仅在1000多年后，公元前8000年，人类建起了第一道防御墙保卫耶利哥城（今以色列与巴勒斯坦一带）。可能就在此后不久，石头城堡出现了，这是一种保护个人或家庭的永久性的防御建筑。不过已知的最古老的城堡还是建于大约公元前3000年，今叙利亚的阿勒颇城堡。在此前一个世纪，人们建造了最早的宫殿，它位于埃及的底比斯。古罗马人在公元前2世纪建造了大型的房屋，也就是我们所说的别墅。从那时起，另一些古罗马人还搞创新，建起了公馆（相应的英文单词"mansion"在14世纪才出现），它坐落在罗马的帕拉蒂尼山上，逐渐演变成了"宫殿"。古罗马的劲敌迦太基（今突尼斯）人可能在公元前300年左右建造了第一座公寓楼，它有几层楼高。第一座专门建造的教堂据说是在公元230年建成，献给圣乔治的，位于今约旦的里哈布。第一座专门建造的清真寺则是在公元613年建成的厄立特里亚的撒哈巴清真寺，或是在公元622年左右建成的，位于今沙特阿拉伯王国的库巴寺。

建筑材料和搬运

传统的建筑材料，木材、石头、砖、石膏、水泥和混凝土，我们前面讨论过了。在中世纪早期的中国，铸铁被用于建造宝塔（7—10世纪）；建于1796年的英国的迪斯灵顿亚麻加工厂是世界上第一座铁框架的建筑。建于19世纪20年代的百慕大的皇家海军造船厂的要员住宅是第一座钢结构的住宅。

THE CHICAGO BUILDING OF THE HOME INSURANCE CO.

OF NEW YORK

美国的第一幢摩天大楼，芝加哥家庭保险公司大楼，1885 年

虽然古罗马人已经在某种建筑的构架下种植蔬菜了，但是最早的条件适宜的（可加热的）温室诞生于15世纪50年代的韩国。1851年，英国人为了举办世界博览会，建造了水晶宫。有了它的基础，金属框架的平板玻璃开始广泛应用。1852年，法国人弗朗索瓦·夸涅跨越英吉利海峡，建造了第一座钢筋混凝土结构的建筑（一幢四层的住宅）。第一幢摩天大楼是1885年建成的芝加哥家庭保险公司大楼，它也是第一座完全用钢骨架支撑的建筑。

尽管在公元前3世纪，古希腊科学家阿基米德就有了升降机的创意，但不考虑早期的那些杂乱无章的升降装置，第一台真正的升降机是1823年在伦敦发明的蒸汽动力的"升降房间"，或是1835年英国人制造的一台由皮带驱动的配重机。意大利人（1845年）和美国人（1852年）设计了安全升降机。1880年，德国工程师维尔纳·冯·西门子制造了电梯。13年后，美国芝加哥有了自动扶梯。

桥梁和隧道

可以推测，早期的桥梁应该是搭在小溪、河流上的圆木或树干。已知的第一座木桥（而不是垫脚石或泥泞的步道）建于公元前1523年，在苏黎世湖上（今瑞士）。第一座石桥可能建于公元前1300年左右的古希腊。在更早的时候，大约公元前2000年，克里特岛的米诺斯人建造了高架渠。1779年，英国什罗浦郡建成了第一座铁桥。根据中国古代文献，最早的绳索吊桥建在西喜马拉雅山脉的河流和峡谷上1—2世纪；1433年，中国西藏出现了第一座铁索吊桥。美国是悬索桥（1847年）和钢丝吊桥（1883年，纽约的布鲁克林大桥）的发源地。混凝土桥是一名法国人在18世纪50年代的发明。建于1823年的英国的斯托克顿—达灵顿铁路上铁制的冈勒斯桥似乎是第一座铁路桥。建于1867年的德国美因河上的哈斯福特桥是第一座现代的悬臂桥。活动桥的概念至少要追溯到中世纪欧洲的开合桥（大约公元1000年）。随着时间的推移，人们在平衡重量的

设计上有所改进，但是建于1876年的横跨英国泰恩河的大型平旋桥是全新的。法国学者休伯特·戈蒂埃在1716年写了第一本关于桥梁工程的书。

1679年，法国人挖了第一条运河隧道。1793年，英国人建造了最早的铁路隧道（公路隧道）。

建筑学

根据不同的定义，古埃及的阶梯金字塔（约公元前2667—前2648年）的设计者英霍蒂普和古罗马工程师、建造者维特鲁威·波利奥（约公元前80—前15年）都可以被视为世界上第一位建筑师。"建筑师"（architect）一词最早于1563年出现在英语中。法国人菲利贝尔·德洛姆在1567年最先提出将建筑视为一项特殊技能。基于他的提议，1671年，法国巴黎开设了世界上第一所建筑学校——法国皇家建筑学院。英国皇家建筑师学会是将建筑师作为一种职业的第一家专业性组织，1834年在伦敦成立。第一位女建筑师是法国人凯瑟琳·布里科内（约1494—1526年）。美国人朱莉亚·摩根（1872—1957年）是第一位从法国皇家建筑学院毕业的女性。

生于土地

农作物

人工种植指系统地播种和收获，它最早出现在公元前9500年左右。中东地区的人们培育了三种谷物（大麦和两种小麦）、四种豆类（扁豆、豌豆、鹰嘴豆和苦豌豆）和一种纤维作物（亚麻）。可能早在公元前8000年，人类就培育了土豆（南美）和香蕉（新几内亚）。甘蔗（新几内亚）和豆子（泰国）可能要追溯到1000年以后的公元前7000年，随后是公元前6700年左右的玉米（墨西哥）、公元前6200年左右的水稻（中国）以及公元前3600年左右的棉花（秘鲁）。人类最早栽培的香料是姜黄、豆蔻、胡椒和芥末，它们似乎出现在印度河流域（大约公元前3500年，今巴基斯坦）。中国人很有可能最早培育了柑橘类水果，比如香橼（类似柠檬）和柑橘（公元前2000年左右）。他们还在公元前350年左右把柑橘和某种柚子（类似葡萄柚）杂交培育成了甜橙。养蜂始于公元前7000年左右的中东地区。1972年，基因工程在美国首次成功实施，而第一种基因工程食品（西红柿）于1994年诞生在美国。

耕作实践

自从农业出现之后，中东地区的人们在公元前6000年左右开始实行轮种和灌溉。驯化了狗之后，人们就一直对家畜实施选择性育种，但是科学的驯化还需等到英国人罗伯特·贝克维尔（1725—1795年）的研究。第一种杀虫剂是硫（约公元前2500年，今伊拉克）。第一种现代杀虫剂是双对氯苯基三氯乙烷（Dichlorodiphenyltrichloroethane，DDT），1874年由德国人发明；1939年，瑞士人把DDT用作杀虫剂。大约8000年前，中东地区的人们就用动物的粪便做肥料。矿物肥料智利硝石（硝酸钠）的装运发生在19世纪20年代的智利和英国。1842年，英国的约翰·贝内特·劳斯爵士制造了第一种人造肥料。随后，1910年，德国人合成了氨。3年后，德国开始大规模生产氮肥。

农具和农机

最早的农具是一些翻土的工具（挖掘棒、鹤嘴锄、锄头或锹）和用于收获的镰刀（大约公元前9500年，中东地区）。公元前4500年左右，人们开始给牛套上挽具，让它们牵引木制的犁（今伊拉克和巴基斯坦）。公元前500年左右，中国人发明了用于翻土的带有铸模的铁犁。大约在同一时期，中国人还

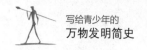

发明了耙，古希腊人发明了长柄镰刀和干草叉。图像资料表明，象征权威的曲柄杖和连枷可以追溯到公元前3500年左右的古埃及。据说，中国人在公元前100年左右制造了最初的播种机，但是真正的农业机械化还要等到下列机器的发明：播种机（大约1701年，杰斯洛·图尔，英国）、脱粒机（1794年，英国）、收割机（1826年，英国）、割捆机（1872年，美国）、肥料播撒机（1875年，美国）和自动联合收割机（1911年，美国）。

农用拖拉机

1839年，英国人制造了第一台便携的农用蒸汽机，但它不能自动推进。随后，1859年，牵引机车在英国诞生了。1892年，美国人发明了汽油驱动的拖拉机；1904年，美国人又发明了有履带的蒸汽拖拉机；1906年，美国人发明了汽油驱动的有履带的拖拉机。美国的"福特森"在1917年成为最早投入大规模生产的拖拉机。1930年，加拿大人梅西-哈里斯成功生产了一台四轮驱动的拖拉机。1933年，爱尔兰人哈瑞·弗格森提出了一个行之有效的方案，利用现在还在使用的液压技术和三臂系统，将工具连接到拖拉机的后部。

花园

第一台割草机诞生于1830年；第一台蒸汽驱动的割草机诞生于1893年；第一台汽油驱动的割草机诞生于1902年；1919年左右，出现了人能坐上去操作的割草机（都发生在英国）。早在1926年，英国人就制造了电动割草机，但是直到第二次世界大战后才流行起来；美国人在1929年发明的旋转割草机也是如此，到1952年，它才在澳大利亚成功实现商业化。悬浮式割草机最早是在1965年的英国，由弗吕莫制造的。之后是美国人在1995年制造的太阳能自动割草机。1971年，美国人乔治·巴拉斯在观察洗车的时候得到了草坪修剪器的灵感。动力旋锄（旋耕机）是澳大利亚人在1912年发明的。机械的绿篱修剪器的概念要追溯到1854年的美国，但是手持的（并且用手推动的）绿篱修剪机要到1922年才出现，电动的和汽油驱动的修剪机分别在1940年和1955年诞生于英国。其他用在花园中的节省劳力的设备还有除雪机（1925年，加拿大）和吹叶机（20世纪50年代，美国）。制雪机的创意来自1950年的美国。不太喜欢运动的人可能会选择坐在躺椅上（19世纪50年代，英国、美国），或者靠在折叠座手杖上（19世纪，英国），舒适地浏览着用英文写作的第一本园艺书：1563年在英国出版的托马斯·希尔创作的《造园的艺术和技艺》。

卡拉马祖县的联合收割机

收割机械化始于脱粒机和收割机（见本书前页）。大约 1830 年，海勒姆·摩尔（1817—1902 年），美国密歇根州卡拉马祖县的克莱马斯小镇的创始人之一，提出了把这两种机器合二为一的主意：这是一个简单的设计，可以在一片玉米地上同时收割、脱粒和扬谷。到 1835 年，摩尔的新机器蓄势待发。令人惊讶的是，它也确实有效，每天可以收获 20 英亩粮食，比单独收割、单独脱粒更有效率。但是为什么不是每个农民都冲去买新机器呢？一来是因为摩尔没有生产和销售联合收割机的资本，二来是因为联合收割机庞大、笨重又非常昂贵，它需要 20 匹结实的马一起才能拉到田里。15 年后，澳大利亚的阳光收割机成了第一款成功实现商业化的联合收割机。

通　信

鼓、鸟和信标

　　最早的长途通信方式可能是敲鼓。鼓是最古老的乐器，人们在南极的冰层中发现了一只有着大约3万年历史的鼓。信号旗从约公元前2500年早期军队的徽章（今伊拉克）发展而来，信标也大约出现在这个时期。古代奥林匹克运动会的比赛结果由信鸽传递（公元前776年，希腊）。大约在同一时期，中国人用烟做信号（公元前8—前9世纪）。1767年，爱尔兰建立了第一套机械的电报系统。1792年，法国建立了第一套国家信号标系统，它通过在支架上旋转"手臂"来传递信号。

电信号

　　丹麦物理学家汉斯·克里斯蒂安·奥斯特在1820年演示了电流如何移动磁针，从此，人类迈入了电信号的领域。1831年，美国人约瑟夫·亨利和查尔斯·惠斯通爵士发明了电报。美国人塞缪尔·摩尔斯在1836年发明了更简单的电报，他还设计了以他的名字命名的电码。随后是亚历山大·格雷厄姆·贝尔在1876年发明的电话，使得人们可以通过电线说话。电话的诞生带来了电话簿（1878年，美国）、公用电话亭（1881年，德国；同年有了第一次国际通话，从美国打给加拿大）、付费电话（1889年，美国）、自动电话交换机和拨号电话（1891年，美国）、电话答录机（1898年，丹麦，直到1949年才在美国成功实现商业化）、电话号码查询台（1906年，美国）、可视电话（1927年，美国）以及语音报时钟（1933年，法国）。传真机可以追溯到1843年，苏格兰人亚历山大·贝恩获得了电印电报的专利。1964年，美国施乐公司发明了现代的商用传真机。1973年，美国摩托罗拉公司制造了第一台手持移动电话。它重达1.1千克，而且需要充电10小时，才能通话30分钟。这家公司还在1983年生产了第一台公开出售的手机：DynaTAC 8000X。

最早的摩托罗拉便携移动电话，型号为 DynaTAC 8000X，1983 年，美国

收音机

　　1865年，英国物理学家詹姆斯·克拉克·麦克斯韦预言了无线电波的存在。1888年，德国物理学家海因里希·赫兹证明了它的存在。1894年，在英国牛津，人类第一次传送了无线电波。次年，意大利物理学家伽利尔摩·马可尼开发了第一套无线电传输系统。巴西牧师罗伯托·兰德尔·德莫拉在1900年完成了首次语音传输。1901年，第一条信息穿越了大西洋，从美国到达英国。1906年的平安夜，美国进行了第一次无线电广播，播放了第一首广播音乐，是汉德尔和广播员雷金纳德·范信达一起演奏的小提琴的录音。然后是新闻广播（1920年，美国）、天气预报（1921年，美国）以及英国广播公司（British Broadcasting Corporation，简称BBC）的标志性栏目：航运预测（1924年）。便携的气门收音机诞生在1924年的美国，用按钮调频道的收音机出现在1926年的美国。第一款成功的晶体管收音机是Regency TR-1，它于1954年在美国上市。

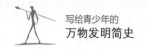

1991年，英国人特雷弗·贝里斯发明了发条式收音机。信号的传输技术也在不断发展：1906年美国人发明的调幅（Amplitude Modulation，AM）、1933年在美国获得专利的调频（Frequency Modulation，FM）以及1995年挪威人发明的电子传输。英国广播公司可能是世界上最著名的广播电台，它在1922年第一次播出广播节目。

电视

"电视"（television）一词是俄罗斯科学家康斯坦丁·波斯基在1900年创造的。1925年，英国人约翰·洛吉·贝尔德最早向人们演示了如何运转机械电视。1928年，电视信号首次横渡大西洋。同年，第一家电视台——WGY电视台在美国开业。1931年，贝尔德完成了第一档户外电视节目。接下来，得益于德国人卡尔·布劳恩在1897年发明的阴极射线管，电子电视成为可能。1926年，日本制造了电子电视接收机。1934年，全电子电视系统在美国问世。两年后，英国伦敦开始播放最早的定期电子电视节目。1944年，苏联制造了有线

布什牌电视机，大约 1952 年，美国

电视。1978年，美国制造了LED电视屏幕。贝尔德早在1928年就发明了彩色电视，但是第二次世界大战阻碍了它的进一步发展。直到1954年，美国才有了第一档全国性的彩色电视节目。美国还在1994年率先播出了数字电视节目。智能电视是韩国三星公司在2008年发明的。1948年，在美国阿肯色州、俄勒冈州和宾夕法尼亚州出现了有线电视。1962年，美国国家航空航天局发射了第一颗人造电视卫星"电星"。

在电视节目方面，这些"第一"经久不衰：1940年开播的定期新闻节目，美国的全国广播公司（National Broadcasting Company，简称NBC）的《洛厄尔·托马斯》；肥皂剧和儿童电视节目，英国广播公司在1946年开播的《孩子们的时间》和全国广播公司在1949年开播的《这是我的孩子》。

录音

1877年，托马斯·爱迪生发明了留声机，在它的锡箔装置上播放了《玛丽有只小羊羔》，录音就此开始。德国和美国在1887年开始了最早的唱片录音，美国人从1895年开始使用后来流行的唱片材料——虫胶。早期唱片的转速是每分钟78转，这在1925年成为国际标准。1925年，美国有了电子录音。1931年，美国胜利唱片公司推出了乙烯基唱片，为1948年哥伦比亚唱片公司研发出12英寸密纹唱片打下了基础。哥伦比亚唱片公司还在1949年发行了7英寸的每分钟45转的唱片。1925年，澳大利亚人设计了允许唱片叠放以连续播放的自动换片器。1982年，激光唱片（compact discs，简称CD）在全球实现商业化。

1928年，德国人发明了另一种录音方法——磁带。最初用的是巨大的卷取机播放环形盒式磁带（1954年，美国）、盒式磁带（1958年，美国）和飞利浦的卡式录音带（1962年，荷兰）。立体声录音机是百代唱片公司的英国工程师布勒·姆莱因在1930—1931年间发明的，随即投入商用。1951年，录像带首次

亮相。1969年，日本索尼公司推出了商业化的录像带。20世纪90年代，这些录音和回放的设备基本被数字技术取代。

网络

网络传播的可能始于数据包交换，这个概念是美国人在1961年构想的，并于1965年被英国人命名。同年，两台美国麻省理工学院的电脑首次通过数据包交换实现了数据通信。1972年，美国有了电子邮件。1973年，英国和挪威率先开始了国际网络通信。同年，在英文中有了"互联网"（internet）一词。1974—1978年间，国际上达成了第一项通信通用协议。1984年，美国有了"网络空间"（cyberspace）一词。在此基础上，1974年，美国有了首个互联网服务供应商。网上银行始于1981年的美国。1983年，网络上有了国际通用的附加域名。1987年，美国出售了首个商用的路由器。1989—1991年，英国人设计了超文本标记语言（Hyper Text Markup Language，简称HTML），以开发万维网（World Wide Web，简称WWW）。1992年，在线音频和在线视频成为现实；同年，智能手机上市，还创造了"网上冲浪"（surfing the web）一词（都发生在美国）。随之而来的是美国人在1993年发明的网络摄像机。

其他重要的网络方面的"第一"都来自美国，比如Windows操作系统（1985年）、微软网络浏览器和"社交媒体"（Social media）一词（均为1994年）。随后出现的有：购物网站亚马逊和易趣（1995年）、奈飞节目（1997年）、谷歌搜索引擎（1998年）和维基百科搜索引擎（2001年）以及2004年的Skype网络电话和安卓操作系统。第二年，脸谱（Facebook）诞生，接着是油管视频（YouTube，2005年）、推特消息（Twitter，2006年）、苹果手机（iPhone，2007年）和照片墙（Instagram，2010年）。2014年，亚马逊的人工智能"亚莉克莎"（Alexa）开始回答人们的问题。

摄影和电影

照相

第一种摄影技术是照相制版法，是法国人尼塞福尔·涅普斯在1824年发明的。他的同事路易·达盖尔继续他的工作，在1838年发明了银版摄影。然后是英国人威廉·福克斯·塔尔博特在1841年发明了负正法。在此之前，英国人莎拉·安妮·布莱特在1839年成为第一位女摄影师。各种化学实验和发现推动了赛璐珞胶片的诞生（1887年，美国）。1861年，英国人托马斯·萨顿制造了单镜头反射相机。最早的易用相机是1888年在美国上市销售的柯达盒式相机。著名的柯达布朗尼相机诞生在1900年，价格1美元。1948年，宝丽来即时相机在美国上市。1959年，德国爱克发公司推出了全自动相机。1962年，日本尼康公司推出了带镜头测光的相机。次年，尼康生产了第一款水下摄影的35毫米相机。

胶卷也在不断进步：从法国人埃德蒙·贝克勒尔在1848年拍摄的第一张彩色照片，到1901年柯达公司推出的120胶卷，暗盒中的35毫米胶卷（1934年，美国），以及彩色打印（1942年，柯达）。

1986年发明的百万像素传感器和1992年发明的影像光碟（都是美国）急剧加速了柯达——这个长期走在传统摄影前沿的公司的衰落。1995年，数码相机在美国上市销售，并流行开来。3年后，带有相机的手机在美国获得专利。众所周知，日本制造的J-SH04是第一款能够拍摄和分享照片的手机。

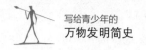
制作和放映电影

美国爱迪生公司在1894年成立了第一家电影制片厂。好莱坞在1910年拍摄了它的第一部电影。1903年，美国人埃德温·S.波特率先开始剪辑电影，他还拍摄了第一部西部片。德国柏林（1895年）和美国匹兹堡（1905年）都认为自己拥有第一家电影院。1912年，家庭电影在美国成为现实。两年后，美国拍摄了第一部彩色故事片《世界、肉体、魔鬼》。《浮华世界》是第一部真正成功的彩色电影，于1935年在美国上映，这部电影的拍摄采用了特艺彩色技术。1908年法国拍摄的《幻影集》是第一部动画片。美国的迪士尼在1924年进入市场，并在1937年拍摄了《白雪公主和七个小矮人》，这是第一部长篇动画电影。虽然托马斯·爱迪生发明的有声活动电影机让有声电影自1910年起就成为可能，但是第一部长篇有声电影——美国的《爵士歌王》要等到1927年才上映。1922年，播放了第一部3D电影。1953年，有了宽屏电影。2D计算机成像技术在1973年诞生，1976年出现了3D计算机成像技术。美国在1996年拍摄的《玩具总动员》是第一部完全利用计算机成像技术制作的长篇动画电影。

向美国大众放映电影的道德准则始于1922年的《电影制片法典》，后来它被1968年制定的电影分级制度取代。1984年，成立于1912年的英国电影审查委员会更名为英国电影分级委员会。人们通常认为，第一个电影明星是加拿大人佛罗伦萨·劳伦斯（1886—1938年）。美国的学院奖——奥斯卡奖诞生于1929年。法国的戛纳电影节始于1946年，它从1955年开始颁发享有盛誉的金棕榈奖。

第一部电影

"第一部电影"这个说法是存在争议的。它可能是拍摄的一匹奔驰的马的系列图片，这部影片是用一排由绊绳控制的照相机，以每秒 25 张的速度拍摄的。1878 年，英国人埃德沃德·迈布里奇在旋转的活动幻镜滚筒上将其播放出来（一种 1824 年英国人发明的装置）。第一部电影也可能是法国人路易斯·雷·普林斯在 1888 年拍摄的影片——时长 2.1 秒的、著名的《朗德海花园场景》。第一部电影还可能是 1891 年威廉·迪克森用摄影机在美国拍摄的闪烁的图片。法国的卢米埃尔兄弟在 1895 年拍摄的时长 55 秒的《火车进站》也可以算作第一部电影。播放《火车进站》时，观众们尖叫着冲向房间后面，以躲避迎面而来的火车。第一部电影也可以是卢米埃尔兄弟的另一部著名影片，同样拍摄于 1895 年的《离开卢米埃尔工厂的工人》。无论第一部电影是以上的哪一部，第一部长篇故事电影毫无疑问是 1906 年，澳大利亚拍摄的《凯利帮的故事》。

测量、单位和时钟

数

计算事物的数量，即数数，最早可能发生在44000年前，在南非发现的一根狒狒骨上有29道刻痕；也可能发生在公元前28000年左右，在捷克发现的一根狼骨上有55道刮痕。位值（即按顺序排列较小的数字，组成较大的数字，比如1后面跟着2就是12）始于美索不达米亚人（大约公元前3400年）。最早使用十进制的是公元前3100年的古埃及人，他们从公元前1800年起开始使用分数，

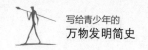

并且从公元前1770年开始使用0（象征"美丽"的符号）作为占位符。古印度数学家婆罗摩笈多在公元628年首先使0成为一个数值。公元前1100年，古印度就有了关于无限的记载。中国人在公元前1世纪认识了负数。巴比伦人在公元前1700年左右创造了平方根。古希腊人创造了百分数、质数和许多的数学概念和定理。我们现在的记数系统（1, 2, 3, …）诞生于公元200年的古印度。巴比伦人和古埃及人首先给出了π的书面写法。古希腊天才阿基米德是第一个比较精确地计算出π的人。英国人威廉·琼斯在1706年首次使用"π"这个符号。

长度单位

早期的长度单位离不开成人的身体——手指、手和手臂。比如古埃及人、古印度人和美索不达米亚人在公元前3000年左右使用的长度单位腕尺，大致是从肘到中指指尖的距离。公元前1000年的古罗马、古希腊和印度河流域的城市喜欢用英尺。公元前1千纪，古罗马人的一千步就是一英里，里格（走1小时的距离）也源自同一时期。英国教士埃德蒙·甘特（1581—1626年）提出了长度单位海里（指一纬度的1/60）。公元前2600年，中国人设立了里，相当于西方的英里。英寻（约6英尺深）源于古希腊的单位orguia。另一位英国教士约翰·威尔金斯在1668年提出了"米"。1791年，人们在法国确定了米为国际通行的十进制长度计量单位（北极点和赤道之间距离的千万分之一）。

体积单位

体积单位在不同时期、不同地区变化很大，所以弄清楚它的"第一"基本不可能。尽可能早的是公元前2500年左右的苏美尔人的计量。正如这些单位的名称所示的那样，它们既是体积单位，也是重量单位：碗、皿和蒲式耳

（英语的"bushel"一词源于古法语，首次使用是在11世纪晚期或12世纪早期）。加仑（最初的意思是一碗）和品脱（1/8加仑，1加仑分成8等份的想法出自古罗马）都来源于中世纪早期的欧洲。15世纪的英国人所说的大桶大约是50加仑。酵桶大约是250加仑，它的使用至少要追溯到12世纪的英国和法国。1795年，大革命中的法国设立了"升"这个体积单位（1立方分米，最初叫作"cadil"），试图解决国际上体积计量单位混乱的问题。

重量单位

大革命中的法国还设立了重量单位"克"（一立方厘米水的重量），试图将世界上混乱的重量计量单位标准化。此前，重量有多种计量方式，最早是用一些类似石头、种子的常见的东西来衡量的。比如珠宝商使用的克拉源于角豆种子的重量。磅来源于拉丁人使用的"磅"（libra），因此缩写为"lb"。吨则是一个大桶或是一个酵桶的重量。1824年，英国统一了度量衡制度。1832年，美国财政部朝着统一度量衡迈出了第一步，但是到1893年，美制单位才正式地标准化。1948年，全球对公制计量单位的统一达成了共识。

测量

我们所说的尺子（译者注：英语中的尺子，"ruler"也可以指统治者）指的是一种用于画直线和测量的工具，而不是戴着王冠的统治者。最古老的尺子拥有4650年的历史，是亚述的一件铜制工具。1851年，德国商人安东·乌尔里希发明了折叠尺。1902年，美国人弗兰克·亨特提出了软尺的创意。公元前3千纪的古埃及，每年洪水退去后，"司绳"在尼罗河边测量农田，卷尺就源于此。1868年，伸缩卷尺在美国获得了专利。

称重秤似乎起源于公元前2千纪的印度河流域。更精确的罗贝瓦尔天平诞生在1669年的法国，弹簧秤则于1770年在英国诞生。更加精确的是美国人在

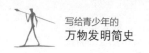

1959年制造的石英晶体微天平，现在通常用的是美国人在1980年左右制造的数字天平。

机械计算和电脑运算

最早的计算工具是美索不达米亚人在公元前2500年制造的。1901年在海底发现的古希腊安提基塞拉机械装置（大约公元前100年）被称为第一台模拟计算机。随着英国学者在1614年发现了对数，英国人威廉·奥特雷德（1574—1660年）设计了计算尺，并创造了乘法符号"×"。德国人威廉·希尔德在1621年制造了第一台加法机，但是直到1820年，法国人才制造了能做四则运算的机器——计数器。1834年，查尔斯·巴贝奇设计了分析机，在此前的18世纪诞生了可编程计算器。按钮操作的计算器出现在1902年，能解方程的计算器出现在1921年（都发生在美国）。

一台 Z3 计算机，1941 年

　　然后，电子革命到来了，大多数人都认为这始于英国数学家阿兰·图灵在1937年设计的理论计算机。之后是德国数学家康拉德·楚泽在1941年制造的第一台可编程计算机Z3，第一块集成电路（1958年，硅芯片，美国），电脑游戏（《星际飞行》，1962年，美国），文字处理软件[美国国际商用机器公司（International Business Machines Corporation，简称IBM），1964年]，随机存取存储器（Random Access Memory，简称RAM）和微处理器（1970年，英特尔，美国），以及1975年制造的第一台个人计算机——美国的牛郎星。

时间单位

　　所有的计量单位都是十进制的，一天却是24个小时，一年则是12个月。这不是很奇怪吗？我们需要回到古埃及，是他们先将一天分为24个部分的（公元前3千纪）。古巴比伦人的数学系统是基于60的，他们把一小时分为60分钟，把一分钟分为60秒（大约公元前3500年）。他们把圆分为360度，我们保留了下来，却没有保留他们一天有60小时的划分。一年有12个月的划分来源于月亮，可能始于公元前4000年左右的两河流域。阳历始于古罗马的恺撒大帝（大约公元前45年）。现行的公历是从1582年开始使用的。

日晷、水钟和沙漏

　　最简单的计时方式是观测太阳，于是古巴比伦和古埃及有了最早的钟：日晷（大约公元前1500年）。大约在同时，古巴比伦人和古埃及人还发明了水钟。不过一些人认为，在更早的时候中国人发明了水钟。沙漏的原理和水钟相同，大概是古罗马人在公元350年左右设计出了沙漏。使用蜡烛计时的方式源于公元520年左右的中国，第一台液压机械钟也是中国人在公元725年发明的。

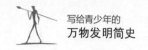

精确的时间

机械表源于擒纵装置，擒纵装置的发明备受争议：一些人支持法国艺术家维拉尔·德·奥内库尔（大约1237年），另一些人则认为应当归功于英国的邓斯特布尔修道院时钟的制造者（1283年），或意大利米兰的维斯孔蒂宫时钟的制造者（1535年）。接下来，欧洲人在15世纪造出了弹簧驱动式时钟（装有发条），由此在16世纪诞生了怀表，在1577年有了分针。1571年献给英国女王伊丽莎白一世的钟是世界上的第一块手表。1776年，法国人设计了秒表，一位瑞士的钟表匠制造了自动上发条的手表。1735—1761年，英国人约翰·哈里森煞费苦心地造出了首个可以使用的航海天文钟，它能够让水手相当精确地确定自己所处的纬度。1840年，英国人制造了最早的电子钟。1926年瑞士生产的劳力士蚝式恒动手表是第一块真正的防水手表。1972年，另一家瑞士公司汉密尔顿生产了第一款电子手表。1927年，加拿大人制造了首座石英钟，不过要等到1969年，日本精工株式会社才生产了第一块石英手表。计时领域的终极一步是非常可靠的原子钟，它是英国国家物理实验室在1955年制造的。最后，为了统一世界上的所有钟表，1884年召开的国际子午线会议商定了格林尼治标准时间作为全球统一的唯一标准时间；1972年，格林尼治标准时间被协调世界时取代。

理论学说

学科

在东西方的早期学府中，哲学是最早（也是最重要的）的学科（大约公元前500年）。数学和音乐也属于早期的学科，人们认为音乐有益身心。古罗马人喜欢工程学。在盛行基督教和穆斯林的中世纪，神学（宗教）成为一个必要的科目。当时，欧洲的大学对古代的学科做了补充，他们把数学分为代数和几何，增设了天文学、乐理、语法、逻辑学和修辞学。更有远见的学校甚至囊括了医学。拉丁语和希腊语的学习则是不可或缺的。欧洲人从中世纪开始将法律视为一门学科。音乐机构，包括各种音乐学院，出现在16世纪的意大利。到17世纪末，数学是包含物理学的。从1761年起，法国开始教授兽医学。现代的历史学始于突尼斯学者伊本·赫勒敦（1332—1406年）。但是直到19世纪，历史学、生物学、化学、地理学、经济学、会计学、现代语言学及文学等才成为独立的学科。今天所有的其他学科，从航空工程学到社会统计学，都是20世纪或21世纪的产物。

专利、版权和奖项

近代许多的"第一"诞生的日期是发明者获得专利的时间。专利，即授予发明者对发明的专有权，这个想法可以追溯到古希腊城邦锡巴里斯的殖民地，这里在公元前500年制定了一项规定，用于保护新的奢侈品的发现者。距今更近的是英国国王爱德华三世在1331年颁布的垄断许可的"专利证书"，以扶植新兴产业。专利这个想法随之流行开来。1555年，法国国王亨利二世首先坚持给予创新书面上的记录。1970年颁布的《专利合作条约》使专利制度走向国际化。

商标大概是罗马帝国的剑客们在公元1世纪发明的，但是直到1266年，商标才在英国得到立法支持。1857年，法国颁布了第一部综合的商标法。第一部著作权法于1710年在英国颁布。这个想法随着1886年颁布的《伯尔尼公约》传遍世界。

对科学与工程学领域的工作者来说（尤其是化学、物理学、生物学及医学，包括文学），诺贝尔奖是最负盛名的奖项，它于1895年在瑞典设立。其他重要的国际性的科学奖项包括美国的爱因斯坦奖（理论物理学，1951年）、世

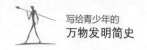

界文化理事会的爱因斯坦世界科学奖（1984年）以及联合国教科文组织的卡林加科普奖（1952年）。

公会和工会

团结的力量

无论何地，定居在城市中的熟练工人和商人都会聚集在一起，组成联盟（通常被称为公会）来保护自己的利益。第一家公会出现在约公元前1000年的中国。欧洲最早的公会是约公元前200年的古罗马的委员会。罗马帝国衰亡后，欧洲出现了不同类型的公会。他们的成员将黄金存在一起，由公会保管，并发誓在任何情况下都互相支持、找出共同的敌人。这像今天街头的帮派。12世纪，出现了一些更为著名的手工业和商业公会（布料商人、银器匠等）。某种程度上，它们演变成了早期的工会（熟练工人的组织），比如1667年在英国和爱尔兰成立的职业帽匠工会，或者18世纪早期在英国成立的埃克塞特的织工、毛毡工和剪羊毛工工会。但是第一家现代意义上的工会，即为增进共同利益而共同行动的雇工联盟，诞生于工业时代。早期的工会规模较小且分散、弱小，只留下了很少的资料。1799年，英国政府在《结社法》中将它们定为非法组织，我们因而得知它们的存在。1818年英国成立的总工会，又称博爱协会，是最早试图将不同行业的工人聚集在一起的工会。1820年成立的英国全国劳工保护协会是第一家典型的全国总工会。

罢工和立法

第一次罢工行动或许是公元前1152年，在戴尔美迪纳的皇家墓地工作的工人们反抗法老拉美西斯三世的行动。后来工人罢工的实例太多，又缺乏文字资料去证实哪一次是"第一次"。公元前494年，罗马城的所有平民联合罢工，这可能是第一次大罢工。最早的现代大罢工是1842年，一次波及范围极广的英国工人罢工，有将近50万工人参与了这次罢工。1842年的这次英国大罢工被称为"塞子暴动"，在此之前，议会拒绝了一项影响极大的政治改革请愿，引发了煤矿和棉纺厂工人的不满，进而引发了大罢工。很难说究竟是什么时候，罢工开始遭到禁止的，因为纵观历史，几乎所有政府，无论是地方政府还是中央政府，都采取行动以限制或制止罢工行动及其背后的组织。

环　境

早期的环境警告

托马斯·马尔萨斯最早对人类在地球上的脆弱地位提出了建设性的警告。1798年，他在英国出版了《人口论》。在这部著作中，马尔萨斯预测了人口增长将不可避免地超出我们养活所有人口的能力。同时，浪漫主义运动呼吁更多地尊重自然世界。1852年，英国人罗伯特·史密斯谈到了"酸雨"，并分析了酸雨的成因及影响。1866年，德国人创造了"生态学"这个词。1896年，一位瑞典化学家提出了大气中的污染物造成温室效应的观点。第一例人类死于石棉肺的病例出现在1924年的英国。1952年，我们开始谈到"气候变化"，到了1957年，谈到了"全球变暖"（都是美国）。蕾切尔·卡逊在1962年出版的《寂静的春天》是第一本关于环境的畅销书，它让大众意识到环境问题的严重性。《寂静的春天》出版后5年，发生了第一起特大油轮事故，英国康沃尔郡海岸上的托里峡谷遭到了破坏。1985年，人们在臭氧层上发现了一个巨大的空洞；两年后，有人提出警告，将全球变暖和墨西哥湾流可能消失、欧洲可能进入新冰河时代联系起来。1992年，政府间气候变化专门委员会发布了它的第一

份报告，指出人类活动可能导致全球气温每10年升高0.3℃。1985年，法国情报部门击沉了绿色和平组织的"彩虹勇士号"，这是第一起对环境保护组织大规模使用武力的事件。

人类采取了许多方式，试图缓解甚至扭转不断升级的环境危机。

污染

英国是第一个工业国家，因此也是第一个受到城市污染和工业污染的不良影响的国家。它通过了第一部具有重要意义的全国性的环境保护法，即1848年通过的《公共卫生法》以及1863年、1874年通过的《碱法》。1948年，政府间海事协商组织成立，意味着人们开始将全球的海洋污染视为一个问题，这一组织即后来的国际海事组织。1970年，DDT的使用被普遍禁止。1987年，氯氟烃（Chloro-fluoro-carbon，CFCs）的使用也被普遍禁止。到21世纪，科学家发出的警告越来越可怕，环保行动的步伐随之加快。2002年，孟加拉国领导了一场禁止使用塑料袋的全球运动。2009年，爱尔兰成为第一个对塑料袋征税的国家，日本发射了第一颗监测二氧化碳排放的人造卫星，澳大利亚的邦达努镇开始禁止售卖瓶装水。挪威在2016年承诺，到2025年逐步淘汰所有的传统动力汽车。2017年，巴黎、马德里、雅典和墨西哥城承诺成为首批取缔柴油车的大城市。

野生动物保护

从最早的金奈税收委员会的本地森林保护计划（1842年），到后来世界上第一个长期、大规模的森林保护方案（1855年），印度一直态度认真，是环境保护的领头羊。1869年，英国通过了世界上第一部全国性的动物保护法——《海鸟保护法》。英国的雀鸟协会是保护野生动物的先锋，它成立于1889年，1891年发展成为鸟类保护协会。1872年美国建成的黄石公园是世界上第一个国家公园。1895年成立的英国国民信托发展成了第一家协调各种环境保护工作的非政府组织。随着国际捕鲸委员会在1948年成立，鲸鱼第一次受到了保护。同年，国际自然保护联盟成立，1956年将其名字中的"Protection"替换成"Conservation"，专指保护资源、环境。世界野生动物基金会成立于1961年。2014年，联合国环境规划署发起了首个世界野生动植物日。

资源

1873年，法国学者奥古斯汀·穆肖第一次就地球自然资源的有限性做出了学术上的警告。最早面临压力的自然资源是安全的饮用水，于是，1933年我们迎来了第一个世界水日。8年后，联合国对地球资源进行了第一次评估，认定1/4的农业用地"高度退化"。1983年，美国科学家培育了第一株转基因植物；1994年，第一种转基因食物——弗雷沃—沙沃西红柿在美国投入生产。2000年，美国科学家培育的黄金大米是第一种通过转基因来提高营养价值的作物。

环保立法和协议

丹麦在1971年成为首个设立专门负责处理环境问题的内阁部长的国家。次年，联合国在瑞典斯德哥尔摩举行了第一次人类环境会议，在会议上提出成立联合国环境规划署。1992年的人类环境会议上，提出了《气候变化框架公约》。1970年，在荷兰各地的竞选中，阐述环境问题的候选人取得了胜利，由此开始了绿色政治。1972年成立的澳大利亚的塔斯马尼亚团结组织是第一个绿色政党；新西兰的价值党是第一个参与争夺国会席位的绿色政党；1983年获得27个联邦议院议席的德国绿党是第一个对全球政治产生重大影响的绿色政党。根据1997年在日本制定的《京都议定书》的条款，世界各国同意到2005年控制温室气体的排放。2015年，巴黎协定促成了首次国际共识，相较于工业化之前的水准，全球气温的上升应控制在2℃以内。同年，瑞士成为第一个明确承诺到2030年将温室气体排放量减半的国家。

环境组织

1892年在美国成立的塞拉俱乐部和1898年在英国成立的煤烟治理协会都有可能是第一个非政府环境组织。其他环境组织和运动（不包括已经提到的）包括"地球之友"（1969年）、绿色和平组织（1971年）和反抗灭绝组织（2018年）。

反抗灭绝组织关于气候变化的一次抗议，2019 年

6

战争与和平
PEACE AND WAR

和平是人类共同的追求。为了把人们团结起来，人类从古至今发展了不同的政治体制，创造了法律。各国之间也发动过一些战争，发明了各式武器，但也无法阻挡人类追求和平的脚步。

政　府

城市和统治者

政治组织可以追溯到几十万年前的部落，或者以某种方式将成员联系起来的小氏族。颇有名气的苏格兰氏族都带有神话色彩，不过，一些氏族（比如麦克尼尔氏族）可以将世系上溯到公元5世纪的爱尔兰国王"九人质"的尼尔，或许可以认为他们就是最早的政治组织。

政治制度起源于农业的发展，最有可能的就是大约公元前4000年的苏美尔的城邦，尤其是乌鲁克城。第一位有确切记载的君主也来自苏美尔，他是基什国王恩美巴拉格西（大约公元前2600年）。苏美尔还存有最早的奴隶制的证据。第一位著名的女性统治者可能是埃及女王（或法老）美丽奈茨，公元前2950年左右，她从已故的丈夫那里接管了政权。古埃及的塞贝克涅弗鲁（公元前1806—前1802年）是历史上第一位有确切记载的女王，不过这项"第一"也存在争议：恩美巴拉格西有可能是女性，苏美尔女王库格巴尔（大约公元前2400年）也是一个争议点。古埃及在公元前1290年左右举行了第一次有记载的加冕仪式，即法老塞提一世的加冕仪式。

国家形态

世界上最早的国家（不是那种由单个城市或者城市联盟组成的国家）可能是古埃及。在神话或其他的记载中，埃及是在公元前3150年左右由一位名为美尼斯或纳尔迈的统治者统一起来的。很难确定第一个以区域划分的国家是哪一个，因为英语中"国家"（country）这个词的含义比较宽泛，一般指一片地理区域。"民族国家"这个词同样有多种含义，因此也存在争议，亚美尼亚（公元前8世纪）、日本（公元前7世纪）、伊朗（公元前6世纪），还有近代的苏格兰（1320年）和15世纪的法国、英格兰都称自己是第一个民族国家。大不列颠说自己拥有世界上第一首官方国歌——《上帝保佑国王/女王》（1745年）。丹麦国旗（红色背景上有一个白色十字）是第一面官方国旗（大约1307年）。1787年成立的美国是最早的联邦制国家。由人民主权统治共和国的想法可以追溯到公元前8世纪的古希腊，或者公元前7世纪的古印度城邦吠舍离。

君主

在1688—1689年间的光荣革命中，英国率先提出了君主立宪制。在此之前，有限君主制已经存在很长时间了，比如公元前753年起的古罗马和公元前57年的新罗（今韩国）都是通过选举产生君主的。第一把宝座（君主的座位）和君主制一样古老。王冠的前身是皇家的头饰，最早的王冠是古印度的祭司国王佩戴的（大约公元前3000年）。我们所理解的那种王冠最早是古埃及的第一位统治者佩

一顶朝鲜的金属王冠，最初镶有宝石，公元6世纪

戴的，是一种高高的红白帽（公元前4000年）。大约从公元前18年开始，早期朝鲜的一些国王戴上了最初的圆形金属王冠。

通常认为，苏美尔国王安纳吐姆（公元前2454—前2425年）统治的领土是最早的帝国，不过约公元前7世纪的日本神武天皇应该是第一位被授予皇帝头衔的统治者。然而，"皇帝"一词在语言和文化上存在歧义，神武天皇又似乎活到了126岁，还是太阳女神和风暴之神的后裔，像个神话中的人物。所以第一位有确切记载的皇帝应该是波斯的大流士（公元前522—前486年）或者中国的秦始皇（公元前247—前210年），争议更少的第一位皇帝则是日本的推古天皇（593—628年）。起初，独裁者是指古代的罗马共和国的地方执法官和军事指挥官（公元前509年以后），但这个词从公元前82年起有了贬义。1787年成立的美国是第一个由总统领导的国家。

政体

早期的国王和女王宣称君权神授，所以在某种程度上，最早的君主统治的国家也是最早的神权政体。例如，埃及法老（大约自公元前3150年起）是介于神和人之间的绝对的统治者。中国的商朝（大约公元前1600—前1046年）可以说是神权政体。但第一个真正的神权国家是公元632年，先知穆罕默德死后建立的伊斯兰的哈里发王国。不过，什叶派穆斯林认为真正的哈里发王国得从公元656年，伊玛目阿里的时代算起。

最早的寡头政治可能存在于美索不达米亚的城邦当中。"贵族政治"的原意是由最优秀的人统治的政体，后来指由特权阶级统治的政体，就像公元前7世纪的雅典和其他古希腊城邦一样。这些国家也属于最早的富豪统治，因为特权阶层利用他们的地位积累了大量的财富和权力。尽管古代雅典常被誉为第一个民主政体，但女性和奴隶不包括在民主的范围内。芬兰在1906年赋予全体公民投票和竞选公职的权利，它应该是第一个真正的民主政体。然而，严格意

义上来说，芬兰那时是俄罗斯帝国的一个大公国，所以这项殊荣应该属于1915年的丹麦（君主立宪制）。

宪法、大臣和地方官员

在亚里士多德的时代之前，就有人将法律书写下来了。但是亚里士多德是第一个谈论成文宪法的人。古代的罗马共和国借鉴了古希腊人的想法，在公元前450年制定了《十二铜表法》，这是第一部具有宪法元素的法律。公元604年，日本的《十七条宪法》是第一部建立在道德原则基础上的法律。英国在1653年制定的《政府约法》是第一部完整且详细的成文宪法。

大臣们获准出席美索不达米亚的君主召开的政治会议。直到1605年，英国才提出设立内阁。尽管许多的君主都有首席大臣，但是一般认为，首相（总理）的头衔可以追溯到英国的罗伯特·沃波尔（他于1721—1742年执政）。斯里兰卡的西丽玛沃·班达拉奈克（1960年当选）是第一位女总理，也是民选的女性国家元首。

总督最早出现在公元前2000年左右的美索不达米亚城市拉尔萨。地方执法官的历史可以追溯到古罗马的王政时代，在那时，国王本人就是地方长官（公元前753年起）。11世纪早期，英国的郡治安官指的是郡（县）的行政官员（皇家官员）。

议会和政党

人们总是聚集在一起讨论政治和问题。自文明诞生以来，各式各样的集会成为政治组织的一种特征。但是真正的议会（代表集会而不是寡头会议）始于莱昂国王阿方索九世在1188年召集的一次会议。荷兰（1581年）、英国（1689年）和瑞典（1721年）纷纷组织集会，于是诞生了议会政体。"忠实的反对派"（1826年英国人创造的一个短语）是民主政治的核心，这一概念出现在1800—1810年的英国。

政治派别可以追溯到古代雅典，民主政体的起步阶段。但是直到英国国王查理二世的统治时期（1660—1685年），政治派别才发展成为政党，即因为原则和政策联合在一起的团体。"左""右"这样的政治术语（激进、变革派和保守派）源于1789年的法国国民议会中的座位安排。第一场现代的政治竞选指1878—1880年，威廉·格莱斯顿的竞选；1922—1923年，美国人开创了竞选广播广告；1952年，美国军事家德怀特·艾森豪威尔在他的总统竞选中第一次进行电视竞选；2008年，巴拉克·奥巴马首次利用社交媒体竞选总统。

官僚体制和预算

虽然"官僚体制"这个词是法国人雅克·德·古尔奈（1712—1759年）创造的，但是书写的发明使得第一种官僚体制在苏美尔诞生。在中国，从公元605年起，加入政府部门需要通过竞争激烈的考试。建立长久的、非政治性的中央政府的想法源自1854—1870年间的英国。在9世纪的英国出现了财政部（以用于计算的、棋盘状的布命名）。国家预算或许源于罗伯特·沃波尔在1721年的一些举措。

政治变革

最早的君主制迅速变成了世袭制。在古埃及和苏美尔，父系下的长子继承似乎是一种惯例：例如，乌鲁克国王吉尔伽美什（大约公元前2800年），他的王位由他的儿子乌尔-宁加尔继承，乌尔-宁加尔的王位又由他的儿子乌杜尔-卡拉玛继承。公元前26世纪，乌鲁克国王卢加尔-基坦被乌尔国王美沙纳帕达取代，这可能是最早的政变。关于第一次政变，另一种说法是公元前29世纪，埃及法老卡死后爆发的世界上第一次内战（存疑）。法老霍特普塞海姆威在内战中夺得了王位，建立了新的王朝。尽管叛乱、反抗和起义贯穿了古代史，但我们知道的第一次政治革命是公元750年，阿巴斯王朝推翻倭马亚哈里发帝国的革命。英国的光荣革命开启了现代的政治革命。

第一次正式的选举发生在公元前6世纪的雅典，那里同样举行了第一次无记名投票。在17世纪的易洛魁部落委员会中，加拿大的女性享有与男子一样的投票权。18世纪早期，某些瑞典妇女也有了投票权。1840年，夏威夷王国第一个实行了不分性

一个易洛魁女人，1927 年

别的普选，却在1852年取消了。1893年，新西兰也推行了不分性别的普选，成了第一个实现普选的现代国家。

政治理论

纵观历史，第一位专注于研究政治思想的学者是中国哲学家孔子（公元前551—前479年）。虽然古希腊哲学家柏拉图在公元前380年左右创作的《理想国》打着寻求正义的幌子，但它确实是第一本探讨政治哲学的书。某些关键性的政治概念也出现在古代：墨子（约公元前470—约前371年，中国）的自然学说（国家和政府存在之前的世界）；格劳孔（柏拉图的兄弟，公元前4—前5世纪）的社会契约论；可能还有居鲁士大帝（公元前539年，今伊朗）的人权学说（十分可疑，虽然它受到联合国的大力宣传）。在古印度，尤其是阿育王

（约公元前268—前232年在位）的公告中，体现了早期人类对自由、平等和宽容的支持。居鲁士称自己废除了奴隶制，中国的秦朝也废除了奴隶制（公元前221—前206年）。英国人在1772年的一次法律判决中宣布奴隶制为非法，对世界各地日益高涨的反奴隶制运动给予了支持。佛蒙特州是美国第一个废除奴隶制的地区（1777年）。1839年，第一个全球性的人权组织"反奴隶国际组织"在英国成立。最早涉及人权概念的现代公文是英国的《大宪章》（1215年）、德国起义农民的十二条款（1525年）以及英国的《权利法案》（1689年），由此诞生了第一部在国际上得到普遍认可的人权法典：联合国的《世界人权宣言》（1948年）。

思想体系之争

英国的小册子作者理查德·奥弗顿（约1600—1664年）和哲学家约翰·洛克（1632—1704年）是自由主义的创始人。资本主义和商业一样古老，其名称第一次出现在英国小说家威廉·梅克比斯·萨克雷在1854年创作的小说《纽卡姆一家》中。资本主义的起源则更早：12世纪的欧洲出现了词语"资本"，在1633年的荷兰出现了词语"资本家"。

"共产主义"的概念可以追溯到柏拉图的《理想国》，不过这个词是法国人维克多·于佩在1777年创造的，并且因为1848年德国思想家卡尔·马克思和弗里德里希·恩格斯发表的《共产党宣言》而普及化。1917年，俄国建立了第一个社会主义国家。与共产主义相同，"社会主义"的概念也始于柏拉图，它还与早期的基督徒（公元1世纪）以及波斯牧师马兹达克（公元6世纪）有关。法国人在1832年创造了"社会主义"这个词。1871年巴黎公社选举出了第一个社会主义地方政府，澳大利亚的昆士兰州在1899年建立了第一个社会主义国家政府，德国在1919年建立了第一个社会主义国民政府。

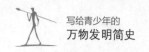

写给青少年的
万物发明简史

辉格党和托利党

世界上最早的两个政党的名字都是骂人的词汇。有些英国人反对国王查理二世的专制倾向，还反对他的弟弟詹姆斯——可能继承王位的天主教徒约克公爵，他们被诋毁成"Whigamores"，即骚乱的苏格兰长老教会的教徒。那些支持国王和他弟弟继承王位的人被诋毁成"Tories"，即爱尔兰强盗。这两个名称——辉格党"Whigs"和托利党"Tories"被保留了下来，而托利党这个称呼（官方名称为"保守与统一党"）沿用至今。

国际关系

条约和协议

第一份条约应该是古代美索不达米亚的国家拉格什和乌玛为解决边界争端签署的协议（大约公元前2550年，今伊拉克）。第一份和约是公元前1259年左右，古埃及人和希泰人签署的协议。在古埃及的《阿玛尔纳信件》中，我们可以看出婚姻条约有着显著的地位（公元前13世纪50年代至前30年代）。数千年来，贸易一直被个人或者商人团体控制。所以出使西域的中国官员张骞（生年不详，死于公元前114年）可能率领着最早的贸易使团，他代表汉朝政府和西域国家签订的协议则是最早的贸易条约，他走的路后来演变成了丝绸之路。古代曾广泛开展免除关税的贸易，但是第一份正式的自由贸易条约是1860年，英国人和法国人签订的协议。在古代，贡品和赔款是联系在一起的（见《阿玛尔纳信件》），阿契美尼德帝国（即波斯帝国，大约公元前550—前330年）是最早组织定期收贡赋的国家之一。古罗马人在《卢泰修斯条约》（公元前241

年）中明确要求战败的迦太基人缴纳贡品。

1899年和1907年召开的海牙和平会议首次在国际上讨论了裁军；1919年签订《凡尔赛条约》的各国在口头上约定裁减军备，1922年签订的《华盛顿海军条约》限制了主力军舰的建造。1958年，英国发起了核裁军运动。10年后，美国、俄罗斯和其他许多国家签订了《防止核扩散条约》。1991年，美国和俄罗斯签订了一份裁减核武器的初步协议——《第一阶段削减战略武器条约》。

休战、停火和停战自出现战争以来就一直存在，但是现代的第一份正式的停战协定是丹麦的《哥本哈根停战协定》，它在1537年终结了伯爵战争。公元100年左右，中国和罗马似乎都以挥舞白旗来表示投降。

外交

《阿玛尔纳信件》是最早记录官方外交活动的资料之一，其中包括大使和特使的出访。现代的常驻大使馆的模式源于文艺复兴时期的意大利（1300年起）。公元前2500年左右创作的古印度史诗《罗摩衍那》就提到了外交豁免权，先知穆罕默德使这一概念变得更为正式。英国在1709年给出了第一份有法律效力的外交豁免权。1961年签订的《维也纳外交关系公约》将外交豁免的原则推向了全球。

《圣经》中就出现了护照的想法（大约公元前450年）。不久之后，公元前1世纪，中国官方推出了一种"护照"，它注明了年龄、身高等信息，与现在的护照更加接近了。不过，据说是1414年颁布的《英国议会法》制定了最早的现代护照制度。1876年，人们首次在护照上添加了持有者的照片，但是直到第一次世界大战期间（1914—1918年），这项要求才被强制执行。20世纪80年代推出了机读护照。

1802年，法国给工人发放了第一批身份证。苏丹马哈茂德二世统治时期的1844年，奥斯曼帝国成为第一个强制发放身份证的国家。

货 币

硬币

最早的货币是家畜和粮食，这对购物来说并不友好，因为它涉及了以物易物的交换，比如："我"支付5头牛，换你的马或某个儿女。大约公元前2000年，商品货币（贵重物品，如牛、贝壳和盐）被赋予了贵金属（比如铜和银）的同等价值。所以最早的有记载的货币单位是"谢克尔"（shekel），指的是大麦和贵金属的重量。为避免重复称重，人们将金属的重量标记在上面，这就是最早的金属货币。大约公元前1000年，中国人用的是青铜的三角片。大约300年后，在印度、中国和地中海地区出现了更实用的圆形硬币。在此之后的是有代表性的实心圆盘形硬币，第一种这样的硬币是大约2600年前的吕底亚（今土耳其）人制作的、印有咆哮的狮子头的硬币。阿契美尼德帝国征服了吕底亚，采纳了他们铸币的想法，在大约公元前540年制作了第一枚金币。虽然很难分辨早期硬币上的图案是神像还是人像，人们还是找到了第一种印有人像的硬币，它出现在大约公元前450年的利西亚（今土耳其），其上印的可能是名字很难读的国王台特蒂韦俾的头像。1424年，瑞士制造了第一枚用阿拉伯数字标注日期的西方硬币。银质的便士由谢克尔发展而来，它出现在公元600年左右的英国，240枚便士的重量等于1磅。1180年，便士被称作"斯特林"（sterlings），这个名称沿用到了今天，也就是"英镑"（pound sterling）。美元源于德国在1519年发行的"泰勒"（thaler）。1871年，日本发行了银质的"日元"（yen，意为"圆形物体"）；中国的"元"（yuan）已经存在了大约2000年。1704年，俄罗斯发行了最早的十进制货币，将卢布分为100戈比。欧元在1999年进入市场。

票据、支票和保险

纸币的创意来自票据。票据一般出现在泥板上，是用来确认货物确实被留在仓库里的凭据，而它本身就存在价值。票据从大约公元前3000年起出现在许多的古代文明中。钞票起源于7世纪的中国，中国人在11世纪开始使用真正的纸币。

原始的银行和早期的贸易一同运作，一些学者认为最早的银行家是古巴比伦的埃吉比家族的成员（大约公元前1000年，今伊拉克）。大约公元前400年，古希腊人记载了关于银行的具体资料。我们所知的最早的外汇合同是1156年在意大利热那亚签订的，在此前的一年，第一家国有银行在威尼斯开业。1694年成立的英格兰银行是第一家发行永久性钞票的银行，它承诺会支付持票人一定的金额，这种钞票很快投入印刷（而非手写）。苏格兰皇家银行在1728年开创了透支。

荷兰的银行从16世纪开始给持有签名票据的人支付一定的金额，这种签名票据后来在17世纪的英国发展成支票，英格兰银行发行了第一张印制支票。1969年，几个国家发行了支票担保卡。1772年，伦敦的银行发行了第一张旅行支票。

3年后，英国的一个酒店老板在他的小酒店里成立了第一家建房互助会。《汉穆拉比法典》是最早的记载保险的文献。第一份保险合同写于14世纪的热那亚。世界上第一家面向公众的保险公司是1676年在德国成立的汉堡火灾保险社。古罗马有一些丧葬费俱乐部，但是第一张人寿保险单是1706年在伦敦发行的。

1950年，塑料革命开始了，美国大来卡公司推出了第一张支付卡。其他的支付方面的创新包括：信用卡（1951年，美国）、"墙上的洞"：自动取款机（1967年，英国）、借记卡（1987年，美国和英国）、芯片和密码（1992年，法国）、网上银行（1994年，美国）以及非接触式支付（1997年，美国）。

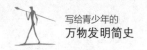

税收和福利

税收始于大约公元前3000年的古埃及，国家（即法老）征收劳力、食用油和一定比例的收成。波斯皇帝大流士一世（约公元前550—前485年）建立了第一个有效的税收系统，统一征收硬币形式的贵金属。法老的税收可以视为是一种收入税。据说，在公元10年的中国，有一位名叫王莽的皇帝只对富人征税。英国在1789年首次开征一般性的累进所得税。1958年，法国根据第二次世界大战期间的强制税收，和1954年它在象牙海岸殖民地做的一项实验，引入了增值税。美国预扣所得税要追溯到美国内战，当时的美国财政部扣缴其所属的联邦雇员欠下的税款（1862年）。英国从1944年开始实行一般性的预扣所得税。第一次世界大战期间，德国实行了全国性的定量配给。

福利国家的概念可以追溯到阿育王和公元7世纪的伊斯兰哈里发帝国的政策，后者为穷人、老人、残疾人和有需要的人筹集资金。现代的福利国家源于宰相俾斯麦执政时期的德意志帝国（1871—1890年），尤其是1889年推行的国家养老基金。

司 法

法律和律师

随着文明的出现，人们将社会规则和对触犯规则的人的处罚写成了法律，这大概在5000年前就在古印度开始了。不过最早的成文法是苏美尔的统治者乌尔-纳姆（生年不详，死于公元前2094年）制定的法典。第一座法庭是皇家法庭，君主是第一位法官。不可避免地，皇权分给了大臣、治安官和其他主持法庭的官员。因为这些官职有着不同的名称和丰富的职能，所以想要确定"第一"是不可能的，比如《圣经》里的战争领袖、法官俄陀聂（公元前2千纪晚期）。

最早的律师应该是向古代雅典的法庭提起上诉的那些不专业的演说家（大约公元前500年，今希腊），直到罗马帝国皇帝克劳狄一世（公元41—54年在位）才将律师的工作合法化，使律师成为一种职业。罗马帝国执政官提贝里乌斯·科伦卡纽斯（生年不详，死于公元前241年）是我们所知的第一位法学教授。贝鲁特（今黎巴嫩）可能拥有第一所法律学校（公元3世纪早期）。

在古埃及新王国时期（公元前1553—前1085年）和古印度吠陀时代（公元前1500—前700年），有人提出由长老委员会组成陪审团，以审判较轻的罪行。但是现代的陪审制度始于日耳曼部落由被告的同行团调查并判决的习俗（公元前1千纪），以及古代雅典的百人陪审团。现代的陪审团审判始于1166年左右的英国。

虽然维多利娅·德·维利鲁埃特没有职业资格，但是她应该是第一位作为律师出现在法庭上的女性（1794年）。1847年取得职业资格的塞尔维亚人玛丽亚·米卢蒂诺维奇可能是第一位职业女律师。

警察和处罚

关于警察组织的最早的记录来自公元前7世纪的中国，地方上警察部队的"长官"还包括女性，她可能是第一位女警官。1667年，法国巴黎设立了中央警察，32年后扩展到法国的其他城镇。1800年，拿破仑一世重组了首都的警力，使之成为第一支身着制服的警察队伍。现代警务（为法庭和公众，而不是为国家服务的专业化队伍）可以追溯到1829年成立的政治中立的、非武装的伦敦的大都会警察，其总部位于背靠大苏格兰广场的白厅4号，那里是王宫的旧址。大都会警察在1863年戴上了特别的头盔，尖锐的哨声则出现在1884年。

虽然所有的警察队伍都有他们自己的侦探，但是第一位公认的现代侦探是法国的获释罪犯尤金·法兰索瓦·维多克（1775—1857年）。在1858年的印

度，英国的威廉·赫歇尔爵士的研究开启了指纹识别。在1892年的阿根廷，警察通过识别指纹抓获了第一名罪犯，他们使用了1888年法国人发明的贝蒂荣系统（ICD系统）。英国人科林·皮特福克是第一个通过脱氧核糖核酸识别被定罪的罪犯（1988年）。第一名骑警来自大约1700年的法国。美国拥有第一辆警车，俄亥俄州的警察在1899年使用了第一辆电动警车，底特律警方在1928年使用了第一辆配有无线电的警车。1923年，国际刑警组织在奥地利维也纳成立。

一位19世纪
的大都会警察

警犬

　　1899 年，英国的职业警察初次尝试用狗调查案件，但彻底地失败了。当时，伦敦的大都会警察苦于抓不到臭名昭著的开膛手杰克，他们借来了一对猎犬——巴纳比和伯格霍，试验了它们追踪气味的能力。因为警方无法决定是否使用这两只狗，没有支付它们的租金，于是感到不满的狗主人就把狗带回去了。不幸的是，没人告诉负责调查案件的警官狗被带走了。当警方发现了另一起可怕的谋杀案，他们为了已经回家的猎犬等了两个小时，才检查犯罪现场。10 年后，比利时根特市的警察第一次有组织、有效地利用了警犬调查案件。

市政服务

消防

　　在人类文明早期的城市中，火是一种始终存在的隐患。关于消防服务的最早的记录来自埃及的亚历山大城，它是公元前1世纪时世界上最大的城市。当时是否使用了抽水器械灭火仍是一个有争议的问题，抽水器械是公元前3世纪的亚历山大城的克特西比乌斯或希罗（约公元10—70年）发明的。不过我们知道的是，奥古斯都大帝参考了亚历山大城的消防队，在公元6年为罗马城建立了一支军事消防部队。在罗马城，更早的所谓的消防服务是百万富翁、无赖克拉苏组织的灭火服务，这样的灭火和纵火没有什么两样（译者注：据传，他威胁失火的房主低价出售房屋，然后才派人灭火）。1824年，苏格兰爱丁堡建立了第一支现代的专业市政消防队。1815年，纽约的莫利·威廉姆斯成了我们

所知的第一位女性消防员。现代的消防车可能源于1518年，在德国的奥格斯堡发明的一种水泵。但是第一辆可以行驶的"救火车"是英国人理查德·纽斯哈姆在1721年制造的。之后，在1829年左右的英国出现了一种每分钟能喷出两吨水的蒸汽消防车。1905年，美国人制造了机动消防车。手提式灭火器（不是一桶水）是英国人乔治·曼比在1819年发明的。电气火灾报警器于1890年在美国获得专利；20世纪30年代，瑞士人提出了烟雾报警器的原理，而到10年后，烟雾报警器才进入市场。

城市公用事业

我们所知的第一口井位于今以色列的耶斯列山谷，距今有大约8500年的历史了。公元前4000年，美索不达米亚人建造了黏土管道做的排污系统。1000年后，斯卡拉布雷（今苏格兰）已经有了自来水和厕所。大规模的城市供水、排水和下水道系统是古印度城市的主要特征（约公元前2500年，今巴基斯坦）。因为煤火产生了大量的灰（或者说"灰尘"，因此有了清洁工），伦敦在18世纪晚期成了第一个拥有垃圾处理系统的城市。1884年，在尤金·波贝尔的命令下，巴黎成为第一个坚持将不同类型的垃圾分类，并将其中的一些进行回收利用的城市；巴黎也可能是第一个提供定期清空垃圾箱服务的大城市。伦敦的奇西克在1896—1897年启用了第一款垃圾车——"蒸汽动力倾斜车"。英国诺丁汉在1874年启用了第一台垃圾焚烧炉。1968年，英国人发明了有轮大垃圾桶。虽然直到20世纪90年代才有了大规模的垃圾回收利用，但是废金属总是有价值的。日本人从1031年起就回收纸张，英国人从1813年起回收破布。瑞典人在1884年率先开始回收玻璃，1982年率先开始回收铝罐，瑞士人在1991年率先开始回收电子产品。

2000多年前，古罗马人在凯撒利亚港建造了第一座海堤（今以色列的希律海港）。

宽容和平等

种族

一些人提出，种族主义是人类的一种内在特征，它源于对"非己者"的怀疑，其根源几乎可以追溯到每一种文化。有一些作家认为自己的种族比他人的优越，包括亚里士多德和阿拉伯作家查希兹（公元776—约869年）。1891年创造的"民族优越感"一词解释了这样的想法，将它和所谓的"科学种族主义"区分开来。科学种族主义最早出现在法国人亨利·德·布兰维利埃（1658—1722年）的作品中。瑞典生物学家卡尔·林奈在1767年将智人划分成5个种族的时候，科学种族主义体现得更为明显。"种族主义"一词最早在12世纪早期被当作反面术语。1919年，《国际联盟盟约》首次提议，希望在世界范围内反对种族歧视，但直到《联合国宪章》（1945年）的第1条，反对种族歧视才被写入规章。

女性权利

在古代美索不达米亚、埃及、印度和非洲的一些地方，女性享有与男性同等的权利。但在大多数东方文化中，对女性的压迫可以追溯到史前时代，在亚伯拉罕后代文化（犹太教、基督教、伊斯兰教）中则可以追溯到《旧约》的时代（大概是公元前1000年）。第一位原始的女权主义者是法裔意大利作家克里斯蒂娜·德·皮桑（1364—约1430年）；通常认为，法国人奥兰普·德古热（1748—1793年）和英国人玛丽·沃斯通克拉夫特（1759—1797年）是最早的现代女权主义者。法国作家西蒙娜·德·波伏娃在1949年出版的《第二性》吹响了当代女权运动的号角。1964年，美国人创造了"妇女解放"一词。第

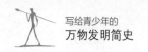

一个国际妇女年是1975年。1979年，联合国通过了《消除对妇女一切形式歧视公约》。

同性恋

研究表明，在工业化前的文化中，21%的人能接受或者忽略同性恋。也就是说，接受同性恋，即如今所说的同性恋权利，有着非常悠久的历史。和女性权利一样，与"恐同症"的斗争主要集中在受亚伯拉罕后代文化影响的地区。举例来说，法国在1791年成为第一个将成年人之间的同性恋行为合法化的国家。2009年就职的冰岛总理约翰娜·西于尔扎多蒂是现代第一位公开同性恋身份的国家元首（政府首脑）。1972年，瑞典成为第一个变性合法的国家。有一些证据表明，公元前1千纪的古埃及存在同性婚姻。罗马皇帝尼禄（公元54—68年在位）分别与两位男性结婚。丹麦在1989年承认了同性伴侣关系是合法的，荷兰在2001年给予同性婚姻与异性婚姻同等的法律地位。

武 器

棍棒、剑、投石器

几千年前，人类制造了第一种武器。此后，单刃的刀演变成双刃的匕首，然后演变成剑。最早的剑出现在大约5300年前的今土耳其，它的材质是柔韧的青铜。公元前2千纪晚期，人们造出了钢、铁刃的剑；可以略微弯曲的剑大概出现在公元1300年的欧洲；水手用的短剑出现在17世纪的欧洲；公元1500年左右，轻巧、细长的双刃剑在西班牙流行开来。斧头、锤子和棍子、狼牙棒和其他可以造成创伤的武器的前身可以追溯到史前时代，不过受到瑞士人喜爱

一幅描绘关羽（左）和周仓挥舞青龙偃月刀的拓片，1574 年

的、多种功能的戟（类似韩国的月刀和中国的关刀）似乎出现在中世纪中期（10—12世纪）。弩可能是中国人发明的，最晚在公元前7世纪。投石器出现在新石器时代（约公元前12000年到青铜时代）。回力镖（投掷棍）出现得更早，公元前3万年，它就在澳大利亚（回力镖并不只属于澳大利亚人，波兰也有）的空中飞驰而过。

枪炮

中国人在9世纪发明了火药，可能是发生在配置草药的时候。一个世纪后，他们用上了以火药为燃料的"火枪"（火焰喷射器，见本书下页）。12世纪，人们给火枪装上了弹片，演变成加农炮和射石炮。最早的手炮（可以

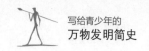

单手使用的枪）是14世纪晚期的意大利人制造的。由此诞生了火绳钩枪（15世纪，德国）、火绳（15世纪70年代，德国）、簧轮枪（大约1500年，意大利和德国）和燧发枪（大约1600年，可能是在法国）。在枪的末端装上刀就成了刺刀（bayonet），从它的名字看，这个创意可能来自16世纪的法国小镇巴约讷（Bayonne），也可能来自更早时候的中国。1498年，德国人在枪管内制膛线以获得更好的精准度。手枪最早出现在16世纪的欧洲，也许是法国或者捷克。可多次射击的、有着旋转枪管的枪是中国人在1590年左右设计的。大概在同一时期，一位德国枪匠设计了一种只有一根枪管，但是有可旋转的膛的枪，这是左轮手枪的原型。美国人在1862年制造的加特林机枪是第一款成功的机关枪。在1800年英国人发现雷酸盐之前，在14世纪的欧洲，弹药筒最初是纸做的。英国人在1807年生产出了雷管，推动了自给式弹药筒于1908年在法国诞生。改良过的自给式弹药筒就是现在常用的那种。在14世纪的法国勃艮第，人们设计出了枪支的后膛装填，但是直到19世纪精密工程出现，后膛装填才被广泛采用。

射石炮是14世纪中期的意大利和中国的军队使用的发射炮弹。到了15世纪20年代的捷克，射石炮被装上了轮子。1453年，在奥斯曼帝国围攻君士坦丁堡的战场上，最古老的迫击炮发出轰响。夜视仪的历史始于匈牙利人卡尔曼·蒂豪尼在1929年的研究；1939年，德国军队有了可以使用的夜视仪。现代的火焰喷射器可以追溯到1901年的德国。

炸弹和炸药

我们要感谢中国人发明了炸药，它最早被装在竹管里（11世纪），然后装在金属壳里（13世纪或更早）。1849年，奥地利人攻打意大利威尼斯的时候，炸弹第一次从气球上投下。最早从飞机上投下的炸药是1911年，从意大利的飞机上扔下的一枚手榴弹；次年，一名保加利亚人从飞机上扔下了第一枚特制的炸弹。最早的轰炸机是意大利的卡普罗尼Ca.30和英国的布里斯托尔T.B.8，这两款飞机都诞生于1913年。水雷和地雷起源于14世纪的中国。电子水雷是俄罗斯人在1812年设计的，由此有了最早的扫雷——英国军舰在1855年的克里米亚战争中完成了第一次扫雷。1939年，德国轰炸机扔下了第一枚带降落伞的地雷，1940年，他们开始用这种武器对付地面目标。1939年，德军率先使用了杀伤人员地雷，发明了"无声士兵"，它能够对目标造成不足以致命的伤害。1866年，英国制造了最早的自航式鱼雷。

1863年，瑞典化学家阿尔弗雷德·诺贝尔发明了甘油炸药。同年，德国化学家朱利叶斯·威尔伯兰德发明了TNT（trinitro-toluene，三硝基甲苯），不过，直到1891年，人们才发现了它的爆炸性能。1875年，诺贝尔发明了硝铵炸药，这是第一种塑性炸药。1942年，美国人发明了凝固汽油弹。

尽管古代战场上出现过有害或者有毒的烟雾（公元前1千纪，中国、古印度、古希腊），真正的化学战始于1914年，法国军队释放催泪弹。这引起了德国人的愤怒，1915年4月21日，致命的氯气出现了。

人们把人或者动物的尸体扔过被围困的城镇或城堡的外墙以传播疾病（文字资料来自1347年的乌克兰），这就是细菌战的原始实例。首次使用了现代医学知识的、系统部署的细菌战是日本人在1937—1945年的侵华战争中发起的。

"不可能的枪"

传说，塞缪尔·柯尔特（1814—1862年）在十几岁时听到士兵们讨论是否有一种枪，它无须重新装弹就能多次射击。于是这位年轻的美国人下定决心要发明这种"不可能的枪"。早期的尝试并不怎么成功，他制

造的第一把手枪在开火时爆炸了，他的父亲拒绝给他提供进一步的经济支持。柯尔特并没有气馁，他在美国巡演，将一氧化二氮当助燃剂来点燃烟火，并用烟火衬托下的蜡像展来娱乐观众，这让他赚到了足够的钱。他又从亲戚那里借了 300 美元，重新开始研制枪支。1835 年，他在伦敦为他的"不可能的枪"申请了专利，这就是柯尔特左轮手枪，并在次年 2 月回到美国申请了专利。后来虽然还有许多挫折，但这个"不可能"的梦想终于实现了。直到他去世的时候，柯尔特已经在全球售出了近 50 万支手枪，价值约 1500 万美元。

战争机器

陆上战争机器

亚述人最先开始进行围攻战，他们在公元前9世纪发明了攻城塔和攻城槌。古印度人应该是最早用攻城弹弓投掷小石块的人（公元前15世纪早期），在这个世纪末，古希腊人发明了弩车（用来发射巨大的弓箭或者弩箭）。中国人在公元前4世纪制造了有摆动臂的投石机（抛石机），这种投

17 世纪石刻浮雕上的战象，印度

石机可以砸开墙壁。公元前6世纪，古印度军队中出现了战象。在大约公元前9世纪的中亚地区，骑马的步兵（投矛者和弓箭手）组成了第一支骑兵队。捷克的波希米亚人在1420年左右启用了动物驱动的装甲战车，不过第一辆真正的装甲车来自英国，它是1898年制造的一辆四轮车，汽油驱动，带有装甲护盾，还配置了一把马克沁机枪，或者是1899年制造的，装有戴姆勒底盘的西姆斯机动战车。装甲运兵车的创意始于1918年制造的英国的马克IX型坦克。20世纪30年代，美国人发明了原始的装甲侦察车。为了打破第一次世界大战中西线战场的僵局，英国人和法国人几乎同时提出了坦克的设想。最早有所行动的是英国人，他们制造了马克I型，并在1916年9月问世，也许比这还早。法国的雷诺FT坦克是革命性的，它以旋转炮塔为特色，是未来坦克的模板。

空中战争机器

第一个军用飞行器是法国航空兵布置的系留气球，用它可以获得一个好的视角，以观察弗勒吕斯战役中的情况（1794年）。美军通信兵团在1909年制造的莱特A型是第一款军用飞机。在第一次世界大战之初，1914年，塞尔维亚和奥匈帝国的飞行员之间发生了世界上第一场空战，在这场空战之后，塞尔维亚和奥匈帝国成了最早拥有武装军用飞机的国家。英国皇家空军是第一支独立于陆军和海军之外的空军。德国在1942年制造了喷气式战斗机的原型——梅塞施米特ME-262，并在1944年制造了喷气式轰炸机——阿拉多Ar-23。英国霍克·西德利公司在20世纪60年代制造的"猎兔狗"是第一款成功的固定翼军用垂直起降飞机。继首个用于战争的火箭后，迈索尔王国（今印度）在18世纪末制造了铁壳火箭。火箭科学的进一步发展催生了德国的V1无人驾驶飞行炸弹、V-2导弹（1944年）以及世界上第一个洲际弹道导弹——苏联的R-7（1957年）。

梅塞施米特 ME-262，大约 1945 年

战　争

冲突

　　证据表明，大约在13000年前，位于今苏丹的捷贝尔·撒哈巴发生过某种形式的战斗，不过有可靠记录的人类第一场战斗是米吉多战役（公元前15世纪，今叙利亚）。第一场战争发生在大约4700年前，在美索不达米亚的苏美尔和埃兰之间（今伊拉克）。我们可以把发生在公元前2350年左右的，反对阿卡德王萨尔贡的叛乱（今伊拉克）称作第一次内战。不用说，第一场世界大战是第一次世界大战（1914—1918年）。大约公元前1276—前1178年间，神秘的海上民族对古埃及发起的进攻，可以视为两栖作战的起源。我们所知的最早的海战发生在公元前1210年左右，在地中海地区的希泰人和塞浦路斯人之间；第一次空战发生在第一次世界大战之初。1918年，发生在法国的亚眠战役首次显示了陆、空力量协同作战的威力，当时约有2000架飞机支援了

盟军的75000人及500多辆坦克的进攻。24年后的珊瑚海战役可以说是第一场重要的海空战。

中国古代军事家孙武创作于公元前1千纪中期的《孙子兵法》是第一本关于军事战略和战术的书。大约在同一时期，古希腊的斯巴达人率先开始了系统的军事训练。1000多年前，巴比伦的汉穆拉比皇帝率先实行了征兵。

早期防御

最早的防御建筑可能是一座早已消失的土垒，而现存的、我们所知的最古老的防御建筑是耶利哥的石墙。在本书第137页还介绍了第一座城堡。从公元前8世纪起，中国建起了土制的边界墙，不过秦始皇（公元前220—前210年在位）主持建造的长城是第一座意义深远的边界墙。用来防御的战壕最早出现在公元前2500年左右，它可以阻止战车的攻击。古埃及要塞外的人工河是最早的护城河之一（大约公元前1860年），第一座吊桥随之出现。在布衡要塞中还有早期的射弹孔和城垛，锯齿状的墙可以防护城墙上的走道。不过吊闸要再过一段时间才出现在公元前208年的罗马城。个人的防御依赖盔甲、盾（埃及存有早期的相关资料，大约公元前1300年）和头盔。

砖和混凝土的防御

大炮的出现催生了一种被称为木堡的小型堡垒，英国诺里奇的牛塔是最早的木堡之一，建于1398年。1917年，英国首次出现了碉堡。随着火力的增强，躲在地下的掩体更加安全，"掩体"这个术语最早在第一次世界大战中被广泛使用。在西班牙内战（1936—1939年）中，空袭的致命破坏力导致西班牙及其他地区建造了专门的防空洞。20世纪50年代，冷战导致美国和各地纷纷建起了放射性尘埃掩体。警笛是1799年左右发明的，并在1900年左右开始用于通知消防队，1939年首次用于空袭警告（都发生在英国）。1870年

出现了高射炮——德国的气球防御炮，还有德国人发明的军事探照灯也在同一时期。曳光弹是英国人在1915年发明的。美国人于20世纪50年代开发了第一个导弹防御系统，尽管俄罗斯在1961年才首次成功地实现了弹道导弹拦截（只是测试）。

7

文化与体育
CULTURE AND SPORT

文化与体育，是人类在精神文明方面的创造，既有文学、音乐、美术陶冶性情，也有孩子们平常玩的各种游戏和玩具。这就是我们丰富多彩的文娱生活。

雕　塑

　　如果"贝列卡特蓝的维纳斯"（今以色列）不仅仅是一块形状好看的石头，而是一件雕刻品，那么毋庸置疑，凭借其近50万年的历史，它可以成为第一件雕塑作品。争议小得多的是第一件具象雕塑——德国的"霍伦斯坦·斯塔德尔的狮子人"，据说它是4万年前，用一根猛犸象牙雕刻而成的。无可置疑，最早的人像雕塑的代表作是德国的"霍赫勒菲尔斯的维纳斯"，创作时间是在雕刻狮子人之后不久，也是用猛犸象牙雕刻而成的。已知的第一个石像是奥地利的"维伦多尔夫的维纳斯"，这是一座11.1厘米（4.4英寸）高的女性小雕塑，是大约1万年前雕刻的。脱蜡铸造始于公元前4000年左右的印度河流域，在那里诞生了最早的青铜人像——公元

"霍伦斯坦·斯塔德尔的狮子人"，第一件具象雕塑

前2500年左右雕刻的"莫亨乔·达罗的舞女"。最早的陶俑和青铜人像的出处相同，是在大约公元前3000年。公元前2600年左右，生活在今伊拉克的人们制作了铜像。古希腊从公元前6世纪起，流行大理石雕像和逼真的真人大小的人像。1893年，伦敦的皮卡迪利广场上的爱神雕像开创了铝制雕像的先河。我们所知的第一件浮雕是法国先民在公元前23000年左右雕刻的"劳塞尔的维纳斯"。古希腊人阿格拉达斯（公元前6世纪晚期）可能是第一位专业的雕塑家，他的工作室就是第一所雕塑学校。1403年，佛罗伦萨圣若望洗礼堂大门上的竞争拉开了文艺复兴时期雕塑艺术的序幕。有些人可能认为，康斯坦丁·布朗库西在1912年创作的《波嘉尼小姐》是第一件现代抽象雕塑。装置艺术（雕塑）始于马塞尔·杜尚（1887—1968年）和库尔特·施维斯（1887—1948年）的作品。最后，更可信的是，美索不达米亚人在公元前2500年左右拼接出了最早的镶嵌图案（即马赛克）。

绘 画

色彩和画笔

绘画的起源是有争议的。最早的绘画可能是73000年前，画在今南非的一块石头上的红色线条，或者是公元前37900年左右，在印度尼西亚婆罗洲的卢邦·杰里吉·萨莱洞穴的墙壁上画的公牛。那个洞穴里同样有着我们所知的第一幅手印画。大约15000年前，法国的拉斯科洞窟里画上了清晰的人像，不过巴西塞拉达卡皮瓦拉国家公园的山洞里的人像，和西班牙的阿尔塔米拉洞窟里的人像可能历史更加悠久。据说，古希腊人是最早绘制写实肖像的画家，他们还开创了错视画（都在公元前750年左右）。第一种颜料是以赭色为基础的，混合了脂肪、蛋黄和水。其他颜色的颜料由不同的矿物制成。人们在埃及发现了最早的蛋彩画，大致在同一时期，古希腊人绘制了最早的壁画（大约公元前1600年）。在15世纪的欧洲，水彩画作为一种特殊的艺术形式出现了。居住在今阿富汗的人们在公元前650年左右首先用胡桃油和罂粟油绘制了油画。丙烯颜料出现在20世纪40年代的德国，显然，它被装在可挤压的颜料管里，这种颜料管是美国人约翰·兰德在1841年发明的。

应该是中国的将军蒙恬在公元前300年左右发明了画笔。

绘画风格和展览

由于艺术运动没有具体的起止时间，因此，最接近起点的是14世纪中期的文艺复兴时期的绘画作品，和19世纪中期的印象派艺术。立体派出现在20世纪的第一个10年，而在下个10年，西方抽象艺术诞生了，这比8世纪的中国美术家王洽开创泼墨晚很久。超现实主义在20世纪20年代兴起。画家向他人传授绘画技巧，即美术教育，它和艺术本身一样古老。画家的工作室是美术学校的原型。1563年，科西莫·德·美第奇在佛罗伦萨建立了第一所美术学院。私人的艺术收藏经常会在一定的限制下向公众开放，如1471年成立的罗马的卡比托利欧博物馆。由私人资助的、向所有人开放的艺术收藏要到17世纪才出现，第一家是1683年成立的英国牛津的阿什莫尔博物馆。我们要等到下个世纪，才能找到第一家由政府资助的美术馆——成立于1753年的大英博物馆。始于1667年的巴黎沙龙可能是最早的艺术展。随着牛津伯爵的藏品四散，艺术品拍卖于1742年在英国开始。第一幅价值百万英镑（也是百万美元）的画是委拉斯开兹的《胡安·德·巴雷哈肖像》，这幅画于1970年在伦敦以231万英镑的价格成交，比之前的纪录翻了一番。

音 乐

早期音乐

有些人可能会提出异议，认为最早的音乐与人类无关，它是鸟儿和其他动物发出的悦耳的声音，远在智人拍打、敲击、哼唱和吹口哨之前。根据第一件乐器的年岁来判断，几乎可以确定，人类的音乐是与人类同时出现的。换而言之，我们生来就拥有音乐。虽然各种乐器和乐器的图示证明了数千年来，我们一直在创作音乐，但是在音乐落到纸面上之前，我们无法得知它听起来究竟是什么样的。最早的记录下来的音乐是公元前1400年左右创作的，胡里安（今叙利亚）人的歌曲；一些人认为古印度的乐谱系统比胡里安人的歌曲还要早。最早的完整的作曲是创作于公元1—2世纪的"赛基洛斯的墓志铭"（今土耳其）。最早的合唱曲目是公元前700年左右的古希腊戏剧中的戏剧合唱。复调音乐在文献中被称为"奥尔加农"（organum），在公元9世纪下半叶的欧洲，从诞生于公元600年的意大利的格里高利圣咏发展而来。复调音乐也在非洲自然而然地出现了。记载中的首个音阶——八度音阶，来自古希腊数学家毕达哥拉斯（大约公元前540年）。唱名法（给每个音符一个音节）始于意大利人阿雷佐的圭多（约991—约1033年），他开创了哆（do）、来（re）、咪（mi）、发（fa）、唆（sol）、拉（la）、西（ti）。

音乐的里程碑

受限于篇幅，我们无法列出每种音乐类型、子类型及其不断增长的子类型的"第一"（例如，到2019年1月，有343种不同类型的电子音乐）。经过挑选的重要的"第一"或许要从第一位我们知道名字的音乐家——苏美尔人的女祭司恩西杜安娜（约公元前2285—约前2250年）开始说起。中国的第一种戏剧——参军戏源于后赵时期（公元319—351年）。拜占庭的女修道院院长卡西娅（生于公元810年，今土耳其）可能是第一位知名的且作品流传至今的作曲家，她当然也是第一位知名的女性作曲家。1598年，西方歌剧在意大利迈出了第一步，歌剧的序曲在几年后诞生。意大利作曲家阿尔坎格罗·科莱里（1653—1713年）开创了协奏曲。第一部交响乐在18世纪30年代的意大利奏响。奥地利作曲家约瑟夫·海顿在18世纪50年代创作了第一部弦乐四重奏。比利时指挥家纪尧姆—亚历克西·帕里斯在1794年率先使用指挥棒。

人们普遍认为，第一部音乐剧是1866年在美国首演的《黑钩子》。蓝调的歌声源于19世纪70年代的美国南部的非裔美国人，第一支公开发行的蓝调音乐作品是1908年发行的《我有点忧郁》。第一支雷格泰姆音乐作品于1895年或1896年在美国发行。1915年，美国人首次使用"爵士乐"一词。在雷格泰姆音乐的基础上，爵士乐融合了西非和欧洲音乐的风格。回到欧洲，奥地利作曲家阿诺尔德·勋伯格于1908—1909年创作的《空中花园之篇》给古典音乐带来了不一样的和弦。

乡村音乐起源于西欧文化，伴随着其独特的美式唱腔，始于1927年美国田纳西州的一次录音。虽然"流行歌曲"一词可以追溯到1926年，但是"流行音乐"要到20世纪50年代才在英国出现。1935年就能听到"唱片节目主持人"这个词了，6年后它出现在了美国的出版物中。5年后，美国报纸《公告牌》公布了第一张唱片销量的图表。1951年或1952年，"摇滚乐"一词在美国首次出现。"雷鬼音乐"诞生于20世纪60年代末的牙买加。再来看看音乐在近期的发展，虽然说唱可以追溯到很久以前的非洲音乐，但直到1971年的美国，"Rap"这个词才用于指代音乐中有节奏的说话。大约在同一时期，生活在贫民区的非裔美国人创造了嘻哈音乐，纽约的嘻哈文化随之诞生。民谣和音乐本

身一样古老，可以追溯到古代的工人们干活时的吟唱。民谣周期性地复苏和翻新，直到1959年的美国格莱美奖，才被认为是一个独立的音乐流派。

摩城唱片源自1960年的美国底特律（汽车城）。"世界音乐"一词首次出现在1987年的伦敦。1991年，涅槃乐队在美国发起了垃圾摇滚运动。车库音乐始于1995年左右的英国。

乐器

打击乐器

第一件乐器（如果它算乐器）是人类的声音。然后就是打击乐器了，最开始是鼓。已知的第一个鼓据说来自公元前5500年的中国。小鼓大约与鼓槌同时出现在14世纪的欧洲。大约公元前1100年，铜钹开始在中国和中东地区铿锵作响。大概300年后，锣的声音开始在中国回响。三角铁出现在16世纪的英国。据说4000年前的中国已经有了钟（这个时候似乎也有了木琴），但是直到18世纪，钟才在德国进入了管弦乐队。1739年，出生在德国的作曲家乔治·弗里德里希·亨德尔为钟琴谱写了第一段音乐。最早的管钟来自19世纪60年代的法国。

木管乐器

笛子是第一种能演奏音符的乐器，据说最古老的笛子有4万年以上的历史（德国）。竖笛可以追溯到13世纪的德国，短笛源于1710年左右的意大利，现代的长笛始于1832年。虽然古埃及人在大约公元前2700年已经有了一种叫作"祖玛拉"的、类似单簧管的乐器，但是第一支真正的单簧管是德国人约翰·登纳在1690年制造的。1657年，双簧管在管弦乐队中初次亮相，现代的大管也出现在这个世纪（都是在法国）。1846年，比利时音乐家阿道夫·萨克斯为他的萨克斯管申请了专利。最早的风笛并没有出现在苏格兰，而是出现在公元前1000年左右的土耳其。

铜管乐器

许多现代的铜管乐器都源于挖空的兽角，例如短号（19世纪早期，法国）、圆号（1705年，1814年在德国装上活塞）、军号（1758年，德国）和小号（大约公元前1500年，中国和古埃及，1818年在德国装上活塞）。15世纪，荷兰人制造了长号，又名拉推号。1590年，法国人制造了蛇形号。1835年，德国人制造了大号。

弦乐器

5000多年前，巴比伦人弹奏着一种类似流特琴的乐器。竖琴由猎弓发展而来，其早期的图像距今大约有3200年的历史（古埃及）。随后到来的可能是洋琴（大约公元前1500年，今伊朗），也可能是斯里兰卡的拉瓦纳哈塔琴（年代未知），或者是古希腊的里拉琴（公元前1400年）。蒙古人在公元7世纪发明的潮尔琴是马头琴的祖先，它可能是第一种使用琴弓演奏的乐器。人们认为，公元9世纪，阿拉伯人把公元7世纪诞生在今阿富汗的鲁巴卜改造成了早期的小提琴。16世纪30年代，意大利出现了著名的三弦小提琴。1556年，意大利人还画下了四弦小提琴（最接近现代的那种）。在此前的15世纪，意大利人就已经开始演奏中提琴。意大利也是大提琴（1535—1536年）和低音提琴（1542年）的故乡。电低音提琴是美国人在1924年发明的。某些形式的吉他已经存在了大约3300年（美索不达米亚），但是电吉他要到1931年才在美国获得专利，并在1936年首次亮相。

键盘乐器

公元前3世纪，古希腊人发明了管风琴。中世纪晚期和近代早期的欧洲诞生了一系列新的键盘乐器：击弦古钢琴（14世纪，德国）、羽管键琴（14—15世纪，德国或意大利）、维金纳琴（大约1460年，最早的记录来自捷克）和斯皮内琴（1631年，最早的记录来自意大利）。钢琴是键盘乐器之王，是意大利人巴托罗密欧·克里斯多弗利（1655—1731年）发明的。哈蒙德电子琴在1935年上市，沃立舍电子钢琴在1955年上市（都在美国）。1876年，美国人以利沙·格雷制造了第一款电子合成器。

致命的击打

在拿起轻轻的指挥棒之前，指挥们会敲打一根立在他们身旁的大木棍来打拍子。1687年，第一位指挥因此死亡。当时，著名的法国音乐家让-巴蒂斯特·吕里在指挥一场庆祝国王路易十四从疾病中康复的赞美颂时，不小心把棍子砸到了脚趾上。这次意外造成的脓肿恶化成了坏疽，两个月后，吕里死了。

戏 剧

戏剧的起源

证据表明，宗教的戏剧表演和戏剧艺术可以追溯到公元前2000年的古埃及，舞台上的音乐剧可以追溯到大约公元前1500年的中国，梵剧则可以追溯到大约公元前600年的古印度。我们所知的那种戏剧——演员在观众面前的舞台上按剧本表演，出现在公元前6世纪的古代雅典。悲剧也许出现在公元前534年，雅典城邦的戏剧比赛开始的那天。喜剧则出现在公元前425年。第一家剧院大约是在同一时期建成的。古希腊作家埃斯库罗斯（约公元前525—约前456年）是我们已知的第一位男性剧作家，德国的甘德斯海姆的赫罗斯维塔（约公元935—约1005年）应该是第一位女性剧作家。古希腊演员泰斯庇斯在公元前534年登上舞台，他成了最早的职业演员。中国并不像西方那样对女性登台有所顾虑，可以确定的是，早在唐朝（公元618—907年），第一批女性演员就在舞台上表演战争主题的音乐剧了。在那时，或许更早，中国可能已经有了最早的戏剧学校。木偶戏也始于中国，它出现在汉朝（公元前206—220年）。1551年，意大利有了即兴喜剧表演；同一时期的意大利有了最早的镜框式舞台。

中国木偶戏中的角色，大约1780年

舞台和马戏团

18世纪50年代，日本出现了一种旋转舞台。不过，1896年于德国建成的旋转舞台才是最早的现代旋转舞台。16世纪末，法国和意大利修建了室内烛光剧院。在19世纪的第一个10年，剧院内开始采用煤气灯照明，大约在同一时期，弧光灯出现了。随后，19世纪20年代，聚光灯也出现了。源于街头娱乐的时事讽刺剧据说可以追溯到1848年，在那一年，巴黎的马里尼豪华剧院开业了。不过裸体的戏剧表演在很早之前就有了，比如在古埃及。建于1886年的纽约瓦布斯特音乐厅应该是第一家夜总会。柏林拥有世界上第一家迪斯科舞厅（1959年）。

马戏团的主意是英国的退伍骑兵菲利普·阿斯特利在1770年想出来的。1782年，人们开始将这种表演称作"马戏表演"；1826年，美国出现了马戏团的大顶帐篷；不久，美国人将野生动物的表演加入了马戏表演。

世界上第一个马戏团：阿斯特利马戏团，1808年左右，英国

写 作

书写

　　书写有着一段漫长而充满争议的孕育期，它大约有两到三个，甚至是四个各自独立的起源：能确定的是苏美尔和中美洲，也有可能是古埃及和中国。其中，苏美尔人是最早学会书写的。最先书写的是用来计数的符号（大约公元前8000年），然后是刻在泥板上的象形文字符号（大约公元前3500年），接下来是语音符号（大约公元前3000年，这是重要的一步，因为它开创了模仿语音书写的想法），最后，大约公元前1500年，字母表中的字母开始代表语音。最古老的字母是所谓的腓尼基字母。古埃及的书写（象形文字）始于公元前3100年，中国的符号书写始于大约公元前1200年，中美洲的符号书写始于大约公元前300年。公元前8世纪开始使用的字母催生出了中东以及亚洲大部分地区的书写体系，除了中国。大约同时期，出现了希腊字母表，这应该是第一个真正的字母表，因为它赋予了元音字母和辅音字母相同的权重。希腊字母表后来演化成我们现在使用的字母表。

　　为了使拿破仑的士兵能够在黑暗中无声交流，法国人查尔斯·巴比埃发明了一种极其复杂的触觉代码，15岁的法国人路易·布莱尔在1824年将巴比埃的代码简化成了如今使用的触觉书写系统。

笔和纸

　　在湿的泥板上做记号需要用到尖笔，这是我们所知的最早的书写工具。然后是受到古埃及人青睐的芦苇笔（大约公元前3000年）。大概400年后，古埃及的抄写员开始用墨水书写。羽毛笔可能是中东地区的人们在公元前100

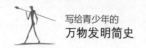

年左右制造出来的。公元1世纪，古罗马人开始用金属笔尖刮擦着书写。1822年，英国开始大量生产金属笔尖的蘸水笔，仅仅5年后，罗马尼亚或法国就有了钢笔。虽然1888年圆珠笔就在美国获得了专利，但是直到匈牙利人拉迪斯洛·比罗在1938年制作出新型的圆珠笔之前，它都没能流行开来。在此之前的几十年里，1910年，英国人李·纽曼获得了毡尖笔的专利。日本人在1962年制造了第一支现代纤维制成的毡尖笔。铅笔的历史从1564年的英国开始，始于一片石墨。后来在1560年左右，意大利人将石墨用木头包裹了起来。1790年，奥地利人混合了黏土，制成了现代的铅笔。

在中国人发明纸之前，人们在纸莎草（公元前4000年，古埃及）或羊皮纸（公元前3000年，古埃及）上书写。

一张完整的桌面还需要有曲别针（1867年，美国）、金属纸夹（1944年，英国）、透明胶带（1930年，美国）和涂改液（1951年，美国）。（打字机、复写纸和文字处理软件的内容在本书第120页。）

书和印刷

在早期文学的殿堂中，两篇苏美尔人的作品并列"第一"：一首名为《凯什尔神庙颂》的诗，以及一部非虚构的、谚语风格的劝谕式的作品《苏鲁巴克箴言》（大约公元前2500年）。古代的人们将写上字的羊皮纸卷成卷轴。最早的书籍是公元前5世纪的古印度的棕榈叶手稿。手抄的订本（多页的那种）是公元1世纪时，古罗马人的发明。已知的最早的印刷文本属于公元868年左右的中国，已知的最早的印刷书籍是成书于1377年的一本韩国的佛教文献《直指》。虽然欧洲的印刷要稍晚一些才有所发展，但是它更具影响力，如约翰内斯·古登堡在1439年左右发明的印刷机，以及大大加快了印刷进程的美国人理查德·霍在1843年发明的蒸汽动力轮转印刷机。大约1346年，中国出现了彩色印刷。1929年，原始的点阵打印机在德国获得专利。美国在1976年推出了商用的激光打印机，1995年左右推出了彩色激光打印机。1986年，有人在美国获得了3D打印机的专利。

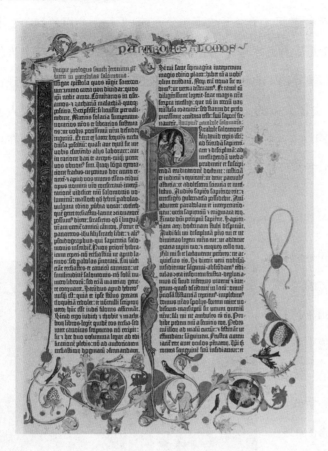

古登堡《圣经》中的一页，大约1454年

图书馆和文学体裁

书写的文本需要储存，因此，苏美尔人有了最早的图书馆。第一座国家图书馆建在大英博物馆内。第一座免费的公共图书馆于1833年在美国新罕布什尔州的彼得伯勒镇建成。

与文学的许多领域一样，苏美尔也有着最早的字典（大约公元前2300年）。一段时间以后，古希腊学者比布鲁斯的斐洛（约公元64—141年）写了第一本可以视为分类词典的作品。古罗马作家老普林尼死于公元79年的维苏威火山爆发，在他的一生中，他编写了37卷的《自然史》，这套著作应该是百科全书的原型。直到18世纪，传记才成为一种独立的文学体裁，而第一本传记难以确定。一些人可能会想起《圣经》故事（公元前1千纪，今以色列），不过更多人会认为1550年意大利艺术理论家乔尔乔·瓦萨里创作的《艺苑名人传》才是现代传记（即非圣经传）真正的起点。自传始于中国历史学家司马迁在公元前2世纪创作的《史记》中的关于他个人的部分，或者是阿尔及利亚人圣奥古斯丁在公元前400年左右创作的《忏悔录》。英国作家约翰·纽伯瑞在1744年创作的《美丽的小书》可能是第一本专门写给孩子的书。

小说和故事

第一本小说或许是佩特洛尼乌斯的、拉丁文的《萨蒂利孔》（约公元50年，意大利），也可能是檀丁的梵文的《十王子传》（公元6—7世纪，印度），紫式部的日文的《源氏物语》（公元11世纪，第一部女性创作的小说），或是塞万提斯的西班牙文的《堂吉诃德》（1605年）。从11世纪开始创作的阿拉伯、印度、伊朗的《一千零一夜》中的《三个苹果》大概比第一部现代的侦探小说，英国作家威尔

《一千零一夜》中的早期的犯罪小说《三个苹果》插图

基·柯林斯在1868年创作的《月亮宝石》早了1000多年。历史小说也是如此,
中国作家施耐庵创作于14世纪的《水浒传》比英国作家沃尔特·司各特在1814
年创作的《威弗利》早了几百年。虽然在早期的文学作品中就有关于鬼神的描
写了,我们还是要感谢如普劳图斯这样写鬼故事的古罗马剧作家。比如,普劳
图斯在公元前200年左右创作了喜剧《凶宅孪生兄弟》。英国作家霍勒斯·沃
波尔在1764年创作的《奥特兰托堡》应该是最早的哥特小说。我们假设在近代
科学发展之前,没有人可以写出一本真正的科幻小说,那么科幻小说应该始于
德国作家约翰尼斯·开普勒在1608年创作的《梦境》。一些人认为瑞士牧师约
翰·怀斯在1812年创作的《瑞士家庭鲁滨孙》是青少年小说的起点。

新奇的书、报纸和奖项

大约在1240年,英国的修道士马修·帕里斯制了一本书,这本书中的
一部分是可以移动的。英国在1929年出版的《每日快报儿童年刊》是第一本立
体书。日本漫画可以追溯到12世纪的日本,而这个词出现在1798年。美国漫画

《鸟兽戏画》的部分细节;据说它是第一篇日本漫画,大约13世纪初,绘制于日本京都

始于1842年完成的《俄巴底亚·欧德巴克历险记》，这本漫画的首版是1827年在瑞士出版的。1938年，我们迎来了第一位超级英雄，来自美国的超人。1964年，美国人创造了"漫画小说"一词。

1605年发行的德国的《各种地区、各种事件的来历报告》是最早的民间报纸，一个世纪后，1702年，英国发行了第一种日报《每日快报》。报纸上的数独游戏最早出现在1892—1895年的法国，填字游戏出现在1913年的美国。

瑞典颁发的诺贝尔文学奖设立于1901年，后来有了其他重要的文学奖：龚古尔文学奖（1903年，法国）、普利策奖（1917年，美国）、毕希纳奖（1923年，德国）、布克-麦康奈尔奖（1969年，英国，2004年起设布克国际奖）、米格尔·德·塞万提斯奖（1976年，西班牙）、老舍文学奖（1999年，中国）和非洲的沃尔·索因卡文学奖（2005年）等。

邮政

大约公元前2400年，古埃及的信使开始传递书信。古埃及的信使在公元前1700年左右的亚述发展成为完善的政府邮政服务，不过更可靠的说法是在居鲁士大帝统治时期的波斯（约公元前559—前530年）才发展到这一程度。收集点是最早的邮局。公元前3世纪，古印度有了邮政业务，中国则在公元前2世纪有了邮政业务。葡萄牙国王曼努埃尔一世在1520年建立的公共邮政服务可能是最早的现代邮政服务。在发明了纸张之后，信很快就出现了，但是最早的纸质信封出现在1615年的瑞士。带窗口的信封是一位美国人在1902年发明的。预付邮资大概可以追溯到1680年，但是使用可粘邮票的、通用的、价格固定的邮政系统要等到1840年才出现（都是在英国）。随后，邮筒于1849年在比利时出现，普通的明信片于1861年在美国出现，美术明信片于1872年在瑞士出现，邮政编码于1944年在德国出现。1611年，英国国王詹姆斯一世收到了第一张圣诞贺卡。

维基百科（Wiki）

美国的维基百科（一个协作修改内容的网站）始于沃德·坎宁安在1994—1995年创办的维基网。然后是美国人吉米·威尔士在1999年创办了在线百科全书"新百科"，它在2001年发展成了第一本多语种的、免费的百科全书，即维基百科（Wikipedia）。通常认为"新百科"是维基百科的初始来源。

教　育

读写学习

人们发明的书写系统是需要一代代传承的；它同样推动了大量重要的法律、宗教和行政知识的发展。因此，书写直接促成了第一所学校的诞生，据说是苏美尔的学校，或者是在法老孟图霍特普二世及其宰相罕提的执政时期（大约公元前2020年）古埃及的学校。在歧视女性的宗教掌控教育之前，富裕家庭的男孩和女孩应该是在一起接受教育的。证据表明，在苏美尔或者吠陀时代的古印度（约公元前1500—约前600年）都是如此。也就是说，女性教育和男性教育是同时出现的。据说，罗马帝国的犹太人坚持让所有的孩子接受教育（公元1世纪）。2000年前，一些富裕的古罗马家庭把他们的女儿送到女子学校学习，这可能是最早的女子学校。

考试和测验

我们关于考试的困扰可以追溯到公元605年，当时中国有个短暂的王

朝——隋朝。隋朝的皇帝姓杨，他推行了第一种全国性的考试，用以选拔政府官员。英国复制了这一想法，从1855年起，考试成了进入公务员队伍的通道。美国从1883年起实行了类似的制度。拿破仑在1808年开创了法国的中学毕业会考。国际文凭组织设立在瑞士日内瓦，创立于1968年。国际学生评估项目是一个根据国民的受教育程度，给国家进行排名的系统，在2000年公布了它的第一次排名。

义务教育始于公元前9世纪起的古代斯巴达或者15世纪的阿兹特克三国同盟。为了让所有公民都能读懂圣经，德国的巴拉丁-茨魏布吕肯公爵领地在1592年成为第一个推行男孩、女孩的义务教育的地区。24年后的1616年，出于同样的原因，苏格兰如法炮制，成为首个要求公民资助下一代接受教育的国家。（译者注：1707年，苏格兰正式与英格兰合并成为一个国家，成为大不列颠王国。）生活在19世纪上半叶的英国人威廉·夏普可能是第一位专攻科学的教师。

大学

一些人认为法蒂玛·菲赫利在公元859年创办的摩洛哥的卡鲁因大学是世界上第一所大学；另一些人认为学术自由是大学的真正的核心原则，他们更倾向于把从1155年左右逐渐发展起来的博洛尼亚大学视为第一所大学。12世纪晚期，巴黎大学颁发了第一个博士学位，但是一直以来没有女性获得博士学位，直到1608年，阿维尼翁大学授予西班牙多明我会修女朱莉安娜·莫雷尔法学博士学位，她成了第一位获得大学学位的女性。中世纪的意大利大学（如上述的博洛尼亚大学）可能有着最早的研究生院。建于1693年的美国的威廉玛丽学院是第一所文理学院。日渐复杂的英国学位分类系统（一等学位、二等一学位、二等二学位、三等学位、通过）创立于1918年。

专门教育

历史上，军事和艺术创作的训练大多是在有经验的从业者的监督下进行的。第一所军事（及海军）院校是建于1701年的丹麦皇家海军学院，然后是建于1720年的，位于伍尔维奇的英国皇家军事学院，它是最早的陆军学校。建于1919年的英国的克伦威尔皇家空军学院是第一所军事航空学院。还有更和平一点的"第一"，比如古罗马的教皇合唱团，它可能是第一所音乐学校（公元前5世纪，今意大利）。16世纪，意大利建立了音乐专科学校，最初是给那些被"拯救"的孩子们提供音乐教育的孤儿院。很难确定第一所提供农业教育的学校，不过这些日期非常重要：1790年，爱丁堡大学率先设置了农业主席；1822年，美国的加德纳学院为农民（及其他职业）提供了职业培训；1845年，英国皇家农学院建成。正如大部分的芭蕾舞剧的语言是法语一样，毫不意外地，最早的芭蕾舞训练学校于1671年在巴黎建成。

玩具和游戏

玩具和游戏

4000多年前，生活在印度河流域的孩子们玩着最早的玩具——简单的哨子、小车和"动物"。第一个悠悠球出现在公元前500年左右的古希腊，古希腊人还在公元前3世纪设计了机械拼图，这种拼图是1947年诞生于匈牙利的鲁比克魔方的前身。人们在埃及的古墓中发现了5000年前的玩偶，就像"玩偶之家"那样。不过古埃及的玩偶并不是玩具。第一个真正属于孩子的玩偶是在潘泰莱里亚发现的公元前2000年左右的玩偶（今意大利）。直到18世纪，英国人才为孩子建造了玩偶之家。同期的玩具还有木马（大约1600年），以及许多来自英国的创新玩具，比如拼图（1767年）、万花筒（1817年）、活动幻镜

2016年推出的哈驰魔法蛋

（1833年）、橡皮泥（1897年）和机械建筑玩具模型（1898年）。1891年，德国人将完整的火车模型推向了市场。到了1897年，美国出现了电动火车玩具。毛绒玩具的工业化生产始于1880年的德国，但是美国人抢先一步，在1903年创造了泰迪熊。1939年，一家英国公司制作了第一款自锁积木，只有诞生于1949年的丹麦的乐高打败了它，占领了积木玩具的市场。同一时期，压铸模型在日本、美国、欧洲出现了。1936年，青蛙公司生产了第一款按比例的塑料模型套件。1956年，培乐多彩泥走向了世界。3年后，芭比娃娃诞生了。诞生于1996年的日本的拓麻歌子掀起了人们对电子生物的爱好，推动了2016年哈驰魔法蛋的诞生。

最早的棋盘游戏应该是古埃及人的塞尼特棋（大约公元前3500年）。大约公元前3000年，美索不达米亚有了一种类似跳棋的游戏。美索不达米亚在公元前2800年左右还有了一种类似双陆棋的游戏，使用了最早的骰子。抓子游戏（羊拐游戏）起源于中国，相关记录最早出现在公元前4世纪。大约1000年后，公元3—6世纪的某个时期，古印度的人们开始玩国际象棋，又过了大约1000年，13世纪的中国出现了多米诺骨牌。现代的棋盘游戏始于18世纪50年代在英国诞生的《欧洲之旅》，它为"大富翁"游戏在1935年的美国诞生做好了准备。

古埃及人在公元前3200年左右制造了球，我们的祖先很快发明了玩球的游戏，后来演变成各种各样的滚球，包括1910年出现的法式滚球。1946年，美国人设计了自动的十柱保龄球馆。1933年制造的第一款电动弹球机脱胎于18世纪末法国的一种弹子球游戏。一种槌球风格的游戏——台球，始于14世纪40年代的户外，并在法国国王路易十一统治时期（1461—1483年在位）被搬到了室内的桌上，但是关于槌球的最早的记录还要等到1856年的英国。英国人在1896年发明了现代的镖靶。桌上足球在1923年获得了专利。法国人在19世纪早期玩了第一场猜字游戏。纸牌游戏源于9世纪的中国；纸牌的花色（黑桃、红心、方块、梅花）从古埃及的符号演化而来，是14世纪的法国人发明的；1860年左右，美国人给纸牌加入了大王和小王。1720年，意大利人发明了游戏轮盘。于是在1796年，法国人产生了轮盘赌的想法。最早的现代赌场于1638年在意大利威尼斯开业。

死于飞镖

最早的且能确定的关于飞镖游戏的记录来自1819年。那时它被称为"吹飞镖"，因为投掷物并不是像现在这样靠扔的，而是用一根吹管发射出去的。粗心的（或者说微醺的）玩家有时会吸气而不是吹气，就会吞下飞镖，继而引发致死的后果。这种形式的游戏最终毫无意外地消失了。

宗 教

原始宗教

虽然存在一些争议，但是最早体现出人类具有宗教天性的是有意埋葬死者的行为。而问题在于，没有人可以确定这种行为何时开始，不过无论如何

都是在30万年前到3万年前之间。相对来说，比较确定的是第一批具有宗教意义的人物和形象，更加确定的是宗教建筑。专家们对于宗教文本的起源看法不一：可能是公元前2600年左右的美索不达米亚的宗教作品，也可能是公元前2400年左右的古埃及的宗教作品。宗教信仰的起源大多笼罩着神秘色彩，第一位拜火教的教徒可能生活在公元前2000年，最早的犹太教的信徒和印度教徒可能生活在公元前6世纪，最早的儒家学者和佛教徒（如果儒教和佛教算宗教）生活在公元前5世纪，最早的道士生活在公元前4世纪，最早的耆那教徒生活在公元前2世纪，最早的基督徒生活在公元1世纪，最早的穆斯林生活在公元7世纪，最早的神道教徒生活在公元8世纪，以及最早可能出现在16世纪的锡克教徒。

伊斯兰教的逊尼派和什叶派的首次分裂发生在公元7世纪中叶。基督教会在1054年分裂为罗马天主教和东正教。16世纪20年代，来自德国的第一批新教徒从罗马教会分离了出来。

信仰和异议

最早的祷文是第一份宗教文本；第一首颂歌在公元前17世纪的古希腊唱响；第一篇赞美诗应该是在公元前445—前333年写成的。已知的第一位祭司（同时也是第一位女祭司）是苏美尔的女性恩海杜安（约公元前2285—约前2250年），她是一位最高祭司。基督教的牧师和主教出现在公元1世纪的中期到晚期。关于印度教圣迹的记载可以追溯到公元前8世纪，犹太教的记载可以追溯到公元前6世纪，基督教的记载可以追溯到公元1世纪，佛教的记载则是公元6世纪，伊斯兰教的《古兰经》来自公元7世纪。第一位殉道者是难以确定的，不过，争论应当发生在古希腊学者苏格拉底（公元前339年）和第一位基督教殉道者（耶稣除外的）圣史蒂芬（大约公元34年）之间。大约42000年前的澳大利亚人开始实施火葬。已知的第一座墓室（不是简单的坟墓）是建在埃及的西奈沙漠，建于大约公元前4000年。宗教战争始于一神论，最早的是公元622—750年的穆斯林和阿拉伯人之间的战争。无神论（既没有一个神，也没有多个神）源于公元前6世纪的佛教徒、印度教徒和道士。"不可知论者"一词是英国科学家、思想家赫胥黎在1869年创造的。

体育运动

"各就各位……"

毫无疑问，在上万年前，无论是新石器时代的儿童，还是尼安德特人的孩子都有着灵活的双足。这些孩子相互之间展开竞赛，在间距适当的树之间踢着冷杉球果。但是我们能看到的最早的关于运动的记载来自洞穴里的壁画：赛跑和摔跤（大约公元前13300年，今法国）、游泳和射箭（大约公元前6000年，今利比亚）以及相扑（公元1世纪，日本）。苏美尔人在公元前3000年举办了最早的拳击比赛，并且保存着关于垂钓的最早记录。此后不久，许多运动出现在了古埃及：赛马、击剑、体操、举重，还有我们现在所说的各种田径项目，包括跑步、跳远、跳高、标枪和拔河（都在公元前2000年左右）。

第一场拥有多个项目的体育赛事是古希腊的奥林匹克运动会（最开始只有赛跑），它在公元前776年首次举办。虽然奥林匹克运动会很快成为男性的专利，但是据说第一次比赛是有女性参与的。古希腊四年一度的赫拉运动会是第一个为女性定期举办的体育赛事，它可能是从公元前772年左右开始的。中国人可能在大约2000年前举办了最早的划船比赛，他们在此前的几个世纪（大约公元前250年）开始玩蹴鞠，这是一种类似足球的运动。马球的起源是模糊的，不过我们知道它出现在大约公元前250年（今伊朗）。一种混合了球拍和手球的运动是最早的球类运动之一，出现在公元前1400年左右的中美洲。古希腊人在公元前510年左右发明了一种类似曲棍球的运动，在公元前350年左右发明了一种粗糙的、类似橄榄球的运动。网球和墙手球的历史可以追溯到12世纪的法国。英国网球明星蒂姆·亨曼的曾祖母艾伦·玛丽·施塔韦尔-布朗在1900年的英国温布尔登网球锦标赛上，第一次作为女性上手发球。1457年，高尔夫球在苏格兰遭到禁止，人们对高尔夫球反而更热衷了。荷兰人宣称他们在17世纪就将帆船航行视为一项运动。

更多的现代运动中值得注意的"第一"包括：1876年制定了美式足球的规则；1920年，美国国家橄榄球大联盟成立；1967年，首届"超级碗"举办。棒球领域著名的世界系列赛始于1903年的美国。美国的篮球规则于1891年（男子）和1892年（女子）制定。公元前688年，拳击第一次出现在古代奥运会上，其现代规则制定于1885—1887年的英国。英国人还制定了板球的规则，并参加了第一场测试赛，那是1877年举行的英格兰对澳大利亚的板球比赛。残疾人运动始于英国的斯托克·曼德维尔医院在1948年举办的第一场多项目的残疾人运动会，催生了1960年举办的首届残疾人奥林匹克运动会。

最早的马术运动是古代奥运会中的战车比赛（公元前684年）。首场经典赛马是英国在1776年

公元前5世纪的一件石雕，描绘了一个男孩和他的奴隶在玩一种球类运动（据说类似橄榄球）

举办的圣莱杰赛马。现代足球可以追溯到1863年英格兰足球总会的创立。第一场足球世界杯在1930年（男子，乌拉圭）和1991年（女子，中国）举办。高尔夫球的规则制定于1744年的苏格兰。在这之前很久，苏格兰女王玛丽可以说是第一位女性高尔夫球手（1567年）。重要的高尔夫球锦标赛始于英国公开赛（1860年，男子）以及科蒂斯杯（1932年，女子）。资料记载，日本有着最早的相扑训练学校，男子的建于1882年，女子的建于1923年。日本人还在1900年起草了相扑的规则。1818年成立的英国的利安得是最早的划船俱乐部，第一场有记录的划船比赛发生在10年后，牛津对剑桥。1845年，英国的拉格比中学制定了橄榄球联盟的规则；英国橄榄球联合会是最早的橄榄球组织；在1871年的英国举办的英格兰对苏格兰的比赛是第一场国际性的橄榄球比赛。联盟式橄榄球始于英国北方橄榄球联合会，其规则于1985年在英国制定。最后，第一个水上运动的官方组织可能是英格兰国家游泳协会，该组织在1908年制定了游泳运动的规则。1896年的奥运会上举行了第一场男子游泳比赛（在海里），女子的第一场游泳比赛是在1912年。

冬季运动

英国全国滑冰协会是第一个滑冰运动的组织，它在1879年举办了一场1.5英里的滑冰挑战赛，这是第一场速滑比赛。随后是1892年成立的国际滑冰联合会以及1893年举办的第一届世界锦标赛。1924年，速度滑冰和花样滑冰进入了冬奥会（女子组比赛在1960年进入了冬奥会）。竞技性的花样滑冰据说可以追溯到1864年，杰克逊·海因斯成为全美冠军的一刻。1896年，荷兰举办了首届世界花样滑冰锦标赛，1902年有了首位女性选手。1908年，花样滑冰成为奥运项目。

与此同时，1875年，加拿大举办了第一场有组织的冰球比赛。在几年内，人们制定了冰球运动的规则。1920年，冰球成为奥运项目（女子组比赛始于1998年）。冰壶可以追溯到更早些的时候。1716年，苏格兰成立了第一家冰壶

俱乐部——基尔赛斯冰壶俱乐部，它现在依然存在。1924年，冰壶短暂地出现在了奥运会上，到1966年国际冰壶联盟成立，冰壶才正式回到了奥运会。

挪威人在1843年报道过一场滑雪比赛，1866年报道过一场跳台滑雪比赛。但是1921年，瑞士主办了第一场现代的障碍滑雪比赛。1910年在挪威成立的国际滑雪大会为国际滑雪联合会的成立和奥运会接纳滑雪比赛项目奠定了基础（都发生在1924年）。

雪橇比赛始于1883年的瑞士，而国际性的组织——国际雪橇运动联合会成立于1924年。同年，雪橇项目进入奥运会。1965年，美国人发明了滑雪板。很快，单板滑雪成为一项运动，1968年举办了第一场比赛；1990年成立了国际单板滑雪联合会，8年内，单板滑雪成了奥运项目。

1924年，第一届冬奥会开幕，此前人们已经玩了几个世纪的雪了。关于滑雪者的图片可以追溯到1380年的荷兰。

赛车运动

在1867年的英国，两台蒸汽机之间进行了一场竞速比赛。第一场有组织的赛车发生在20年后，在1887年的法国。1895年6月，巴黎—波尔多—巴黎的比赛可能是第一场汽车拉力赛，虽然始于1911年的蒙特卡洛拉力赛才是官方规格的汽车拉力赛。1907年，英国萨里郡的布鲁克兰建造了第一条专用的赛车道。汽车大奖赛可以追溯到1906年的法国。首届F1世界锦标赛于1950年在英国拉开帷幕。电动方程式锦标赛（电动赛车的比赛）在2014年打响。1905年，美国或英国的汽车首次达到每小时100英里的速度。首位女性顶级赛车手是卡米尔·杜·加斯特，她的职业生涯始于1901年。退役后，她参与了动力船（快艇）比赛，这项运动始于1903年。

1904年，随着国际摩托车运动联合会的成立，摩托车比赛独立出来。在此之前，二轮、三轮和四轮的交通工具都是在一起比赛的。国际摩托车运动联合会成立的第二年，在法国举办了它的第一场比赛，并于1907年在英国举办了第一届旅行者大奖赛。第一届世界边三轮锦标赛于1949年在英国举行。直到1931—1936年举办了世界锦标赛之后，摩托车赛道的历史才变得清晰起来。美国的"艾克沙修"（Excelsior）是第一辆时速达到100英里的摩托车。

皇家赛船会

数千年来，航海的目的主要是进行商业贸易。不过，17世纪上半叶，荷兰人开始乘着他们漂亮的游艇（300年前的发明）四处娱乐。被流放到荷兰的英国国王查理二世乐在其中，当他在1660年回国之后，他让人建造了他的私人游艇"凯瑟琳号"。次年，他向他兄弟的游艇"安妮号"发起了挑战，进行了一场40英里的竞赛，据说这是最早的游艇比赛。这位国王赢得了比赛，游艇运动也一路向前发展。

死亡之旅

自行车比赛始于1868年的巴黎，当时获胜的选手骑的是一辆有着铁边车轮的木制自行车。第一家自行车馆于1877年在英国建成。国际自行车联盟从1892年起开始管理自行车运动的规则和锦标赛。虽然这项运动从一开始（1896年）就被纳入了现代奥运会，但是始于1903年的世界知名的环法自行车赛才抓住了人们的眼球，虽然有时候也不是因为什么值得尊敬的原因。这一赛事直接或间接导致了7位观众和助理死亡，还有4名选手：一位死于心力衰竭，一位掉进了峡谷，一位被水淹死，最后一位的头撞到了石头上。

保持形象

美发

出于卫生和美观上的考虑，自大约公元前3500年开始就有理发师给人们修剪头发和胡子了，那个时候已经有了最早的金属剃须刀（古埃及）。据资料记载，第一顶假发也来自古埃及。据说古埃及人还是最早给头发上蜡（蜜蜡）和用镊子钳眉毛的人。公元前1500年左右，美索不达米亚人发明了剪刀。在此之前，人们都是用锋利的石头、贝壳或者刀剪头发的。指甲钳于1875年在美国和英国获得了专利。第一把直剃须刀诞生于1680年的英国谢菲尔德。人们一直在使用直剃须刀，直到安全剃须刀出现，最早是法国人在1762年想到了这一创意。安全剃须刀于1847年在英国或美国获得了专利。1880年，第一次出现了"安全剃须刀"这个名词。1904年，金·坎普·吉列取得了双刃的安全剃须刀的专利。此前，电动剃须刀已经于1898年在美国获得了专利，不过可以使用的电动剃须刀要到1931年才在美国上市。吉列剃须刀的特点是一次性刀片，但是要等到比克一体式聚苯乙烯剃须刀于1875年在法国上市，才有了一次性剃须刀。虽然自古以来就有各种各样的发膏，但直到1948年，美国人才卖出了第一支发胶。

化妆

古埃及人走在化妆的前列。公元前4千纪，他们就用唇膏、胭脂和面霜上妆了。公元前3100年左右，古埃及人开始画眼线；公元前1574年，他们开始使用染发剂。大约公元前3000年，中国人发明了指甲油。文身是一种非常古老的艺术，最早的实例是冰人奥茨身上的文身，他生活在公元前3250年左右的今奥地利或意大利。公元前3千纪末的塞浦路斯人制作了最早的香水。塔普缇是已知的最早的香水制造师，她生活在公元前1200年左右的美索不达米亚。匈牙利人在14世纪制造了花露水。洗发水是几千年前的古印度人的发明，但是液体洗发水要到1927年才在德国上市销售。须后水可以追溯到1744年的英国的"波斯香皂"（或"那不勒斯香皂"）的广告。更近一些的时候，美国制造商开始销售除臭剂——1888年的"母亲"牌；爽身粉——1894年的"强生"牌；止汗剂——1903年的"永净"牌。

锻炼

　　健身源于波斯，波斯人在公元前1千纪就建造了健身房，当时被称为卡鲁内（"力量之屋"）。1912年，美国旧金山举办的越湾马拉松长跑推出了公益长跑。1796年，英国人弗朗西斯·朗兹制造的健身机器是最早的健身脚踏车。现代的跑步机于1968年左右在美国上市。划船机要追溯到公元前4世纪的古希腊，现代的液压划船机诞生在1872年的美国。瑜伽最早出现在古印度，在3500—5000年前的某个时期。流行的健身方式"普拉提"以约瑟夫·普拉提（1883—1967年）的名字命名，他也因此在历史上留名。个人健康追踪器据说要追溯到在1895年的美国推出的可远程计算的"记转器"；后来发展成日本在1965年推出的"万步"计步器，它建立了10000步的计步基准；然后是法国人在1977年发明的可穿戴心率监测器和美国人在2008年发明的无线健康追踪器。

节日和娱乐

休假

人们庆祝最古老的节日，已经有4000多年了，那是迎接新年到来的节日（今伊拉克）。1802年，英国通过了限制工作时间的立法；1936年，人们起草了带薪休假的国际公约；1976年，瑞典率先通过了法定产假。

大约3000年前，波斯或古希腊建起了最早的接待客人的旅馆。小酒馆可能是古罗马人的创新（公元前1千纪晚期）。英国在现代度假产业中扮演了重要的角色，他们有着第一家旅行社（1758年）、第一次有组织的旅行（1841年，托马斯·库克）以及出国旅行套餐（1952年，到马略卡岛）。对于年轻人和精力充沛的人，英国人还组织了男童子军（1909年）和女童子军（1910年）。18世纪早期，人们注意到了海水浴的好处；1735年，英国人制造了第一种可以推到海边的活动更衣室。曼岛上的帐篷营地带来了假日营地的创意，12年后英国建造了第一个长期的假日营地。

游乐园结合了游戏和游园的乐趣，据说可以追溯到美国芝加哥在1893年举办的世界哥伦比亚

最早的健身机器，朗兹的健身脚踏车，1797 年

博览会。1985年，美国建造了永久性的游乐园。1955年，美国加利福尼亚州的迪士尼乐园开业。游乐园中的游乐项目始于旋转木马，它是欧洲人在18世纪发明的。不过据报道说，在此前的一个世纪，俄罗斯就有了某种滑翔过山车。1817年，巴黎开放了轮式过山车。美国人乔治·华盛顿·盖尔·费里斯在1893年建造了第一座摩天轮，这座摩天轮以他的名字命名。

娱乐和健身的小工具

公元前2000年左右，居住在今芬兰的人们穿上了骨制的滑冰鞋；真正的滑冰鞋有着可以切入冰面的钢刀，是中世纪荷兰人的发明。据称，旱冰鞋在1743年的英国舞台上出现过，但是直到1760年才在比利时获得专利。在没有冰的波利尼西亚，冲浪是数百年来人们的娱乐消遣，不过直到1767年才有了关于冲浪的文字记录。冲浪从波利尼西亚传到了美国加利福尼亚州，那时候爱好者们把旱冰鞋的轮子安装到木板的下面，滑板诞生了，这是在20世纪40年代晚期，不过当时轮子的质量低得让人失望。早期的玩具中有某种形式的环，但是直到1957年左右，诞生于美国的呼啦圈才风靡全球。在古代奥运会上（公元前776年，今希腊），掷铁饼是一个特色的运动项目。之后，铁饼经由旋转的蛋糕锡模，于1948年发展成了塑料飞盘。20年后（1968年），一位意大利发明家设计了有点脱离现实的弹跳球。

一个看起来不太和谐的组合，一个西装革履的男人坐在一个弹跳球上，大约1970年

ACKNOWLEDGEMENTS

鸣 谢

感谢鲍勃·克伦威尔；感谢科林·布朗和朱利安·安德森在编写工作中的慷慨相助；感谢大卫·英格尔斯菲尔德提供了许多有用的建议和更正；感谢本书的编辑，一直富有耐心的加布里埃尔·奈梅斯；感谢露西·罗丝帮忙核对了本书中6000多个知识点，并将粗糙的笔记整理成连贯的文章。